谦德国学文库

五种遗规

养正遗规

【清】陈宏谋◎撰　中华文化讲堂◎注译

团结出版社

《五种遗规》译注编委会

主 编

萧祥剑

副主编

殷保志 吴江波

注译人员名单

《养正遗规》：萧祥剑 殷保志 吴江波 谢敏奇

《教女遗规》：殷保志 吕云鹏 耿嘉懿

《训俗遗规》：萧祥剑 殷保志 吴江波 谢敏奇

《从政遗规》：刘睿智 付志勇 张茂广 黄 红

《在官法戒录》：刘睿智 赵 康 李 旭 冯冲林 安自涛

叶 茂 常博瑞 赵怀敏 殷 繁

《五种遗规译注》序

《易》曰：蒙以养正，圣功也。俗云"少成若天性"，又云"至要莫如教子"。然今世教育，注重知识和技能，忽视德行和定力之培养，花费精力资财颇多，收效却不尽如人意。

我中华之先祖，深谙教育乃齐家治国之本。自尧舜之时，即明五伦之教，《礼记》更云："建国君民，教学为先。"古圣先王之教诲，后人总结为，"五伦"、"五常"、"四维"、"八德"，实为人人修身、齐家、治国、平天下之本也。

《五种遗规》，清人陈宏谋所辑，分为《养正》、《训俗》、《从政》、《教女》及《在官法戒录》五篇。是书广集古来圣哲对一切大众之教诲言论，乃古圣先贤教育之集大成者。先生为朝中重臣，又具道德学问，为世所重，故甫一刊行，便风行全国。曾文正公更将其列为子弟必读之书。

然近世传统教育衰落，《五种遗规》知者甚少，幸有当代大德净空老法师、国学大家南怀瑾老先生等敬劝青年人阅读此书，方渐为人所知。

其中，《养正遗规》为有关养性、修身、儿童启蒙教育、读书和学习方法等方面的论述。

诚如陈宏谋序中所言："天下有真教术，斯有真人材；教术之端，自闾巷始，人材之成，自儿童始。大易以山下出泉，其象为蒙，而君子之所以果行育德者，于是乎在，故蒙以养正，是为圣功，义至深矣。"此乃"养正"之义，亦为陈氏编辑是书之深旨所在，实为今日之父兄、师长所必读之书也。

《教女遗规》采集历代女教之经典，堪称女子教育之集大成，古人云："正天下，首正人伦，正人伦首正夫妇，正夫妇，首重女德。"足见女子之教育，乃天下太平之大根大本。此书实为今世女子之必读。

《训俗遗规》则汇集了历代一些乡约、宗约、会规、训子、驭下之法、治家格言、名人遗嘱等内容，皆为劝人行孝、劝善积德之文。今人读之，确能起到移风易俗、和谐社会之目的，亦为转化社会风俗之至宝也。

《从政遗规》、《在官法戒录》乃为从政为官者所编，今日从事公务之人读之，必能得莫大利益，不仅教人为官理政之要，更备举历代官吏善行和劣迹。望读者见善者为之效法，见不善者为之省戒。果能行之，不仅为国家民众之福，且所行者亦福利无穷也。

此五书，皆为文言，文字虽浅，义味深远，今人读之，仍有深度。吾等德薄慧浅，初闻先贤之教，然惜此书尚无白话译注之版本流通，故不揣浅陋，将此书注解翻译，以冀先贤之教化，再行天下。今人果能将此书教诲，落实于工作、生活、处事待人上，定于社会风气之转移、改良，有大裨益。

此书注译者放弃版权，愿见者闻者，广为流布。余等德薄慧浅，书中不妥之处，敬请诸位方家仁者不吝赐教。

《五种遗规》译注小组

藏书五种叙

　　隆古^①之世，人心醇厚^②，习尚不纷，上之所以为教，下之所以为学者，毕^③出于一途。生其时者，日闻正言，睹正训^④，莫不各爱其身，而耻为不善。佥壬^⑤败类，自顾无所容。其立法之善如此，故其教之成，处则为忠信、笃敬之儒，而出亦可以备天下国家之用。及其衰也，国异政，家殊俗，一切浇漓^⑥狡黠^⑦之风日昌日炽，而靡所底止。于是上之人方忧其弊，欲以严刑峻法惩^⑧之而不能。无他，教化之未先，而观型之无，自非一朝一夕之故，其所由来渐矣！故曰"少成若天性，习惯成自然"，不易之理也。

　　粤西陈榕门先生，当代名儒，作宦五十年，忧国爱民，朝野共戴。公余之暇，著藏书五种，一曰养蒙士，二曰训民俗，三曰严阃范，四曰儆^⑨官箴，五曰戒^⑩胥吏。勤搜博采，凡典籍之垂训，名贤之格言，及学士大夫、妇人女子一言一行，有关名教者，莫不检择以标于简编，使人触目警心，诵之忘倦。

　　夫人虽至顽，一旦闻忠臣孝子义夫节妇之行，莫不流连^⑪感叹，传为美谈。何则^⑫天性之良未尽泯也。故睹是书而不知劝者，必非人情。惜其书仅流行于吴、越、楚、粤诸省，而蜀以辽远未及见。自林君青山解组^⑬湖南携有是书，欲重刻播之而未果。今林君已辞世矣，其侄兴宗方偕同人，捐资重刻，以广榕门先生之传，其意甚美，而其裨益^⑭于人心风俗为甚大，固余之所有志而未逮^⑮者也。敢辞固陋^⑯，爰^⑰笔而为之叙。

乾隆三十七年十二月二十二日丹^⑱彭端淑书于锦江书院

【注释】①隆古：远古之意。隆，深。②醇厚：纯正厚道。③毕：全，都。④训：教导，教诲；法则，典范。⑤金壬：小人、奸人。金，音qiān，奸邪不正。⑥浇漓：音jiāo lí，又作浇醨，浮薄不厚，多用于指社会风气。⑦狡黠：音jiǎo xiá，狡猾，诡诈。⑧惩：戒止。⑨儆：音jǐng，同警。使人警醒，不犯过错。⑩戒：防备，革除意。⑪流连：依恋而舍不得离去；反复。今取后意。⑫何则：为什么的意思。此处引为缘故。⑬解组：去官。旧指辞官返乡务农。⑭裨益：音bì yì，益处，补益。⑮逮：及，到。此以为实现。⑯敢辞固陋：敢，谦辞，不敢怎敢之意。固陋，见识浅薄，见闻不广。⑰爰：音yuán，于是。⑱丹棱：地名，古属眉州，今四川丹棱县。棱，音lēng，同"棱"。

【译文】远古世道，人心淳朴厚道，民情风俗有条不紊，长者们所教授的和百姓所学习的内容，全都出自一个途径。生活在那个时代的人，每天所听到的都是正面的言语，看到的都是正确的典范，因此没有不爱惜自身（德行）的。而且他们以不行善事为耻，一些奸佞和道德败坏之人，自己看自己都觉得无地自容。那时的教育制度是如此之好，所以那时培养出来的人，平时在家都是忠诚守信、认真恭谨的读书人，走出家门也可为国家所用。到了社会风气和教育衰败的时候，国家政治纷乱，社会风气浮薄不厚，钩心斗角的风气愈演愈烈，无法遏止。于是天子大臣们开始担忧时弊，想以严刑峻法遏止不正之风却苦于无法做到。原因没有别的，事先没有教化，所以没有好的榜样，好榜样不是一朝一夕就能教出来的，而是日日熏陶，慢慢累积而成的。所以说"小时候形成的良好行为习惯，就像天生固有的一样，难以更改"这是始终不变的道理。

广西的陈宏谋先生，是当世著名的儒者，做官五十年了，忧国爱民，官员和百姓都很爱戴他。他在公务的业余时间搜集并编著了五种书，一是教养启蒙孩童的《养正遗规》，二是教导民俗、劝人为善的《训俗遗规》，三是弘扬女教、教育女子的《教女遗规》，四是给官员以提醒的《从政遗规》，五是预防官员职务犯罪的《在官法戒录》。陈先生博采众长，凡是古代典籍中的教导、贤人名士的格言，以及读书人、官员、妇人、女子的言行，只要是关于教育的好的内容，没有不精心选择加以编注的。使人看了心受警觉，读了忘记疲倦。

　　即使是非常顽劣的人，一旦听说了这些忠臣孝子、义夫节妇的所作所为，没有不反复感叹、传为美谈的。这是人的天性良知没有完全泯灭的缘故。所以看了这套书而不知勉励为善的，绝对不是人之常情。可惜这套书，只在江苏、浙江、湖北、广东一带流传，而四川一带因为遥远而没能传播得到。林青山先生在湖南退休后就携带着这套书，想重新刻版印刷来流通它，却没能完成。现在林先生已经告别人世了，他的侄子林宗兴，跟人一起筹款重印，以广泛流通陈宏谋先生的这部著作，发扬其精神。这个想法非常好，而且对于改善人心、风俗大有益处，这也是我原先想做而没有实现的想法。不敢因见识浅薄推辞，于是拿起笔而为之作此序。

　　　　乾隆三十七年十二月二十二日丹彭端淑书于锦江书院

重刷藏书五种序

　　岁戊子①，予主讲斗山书院，取陈文恭养正遗规之意，定为学规，间又择其训俗、教女、从政、在官诸编中，有关读书作人之法者，与诸生讲习，群乐信而从之。盖②谓精粗本末，学者之要务尽是已。

　　一日，有客自三邑来叩门求见予，进之于澄心堂上，询其姓字，曰彭某，即出一缄③以示④，启诵之，则予赵玉衡师手书也，言彭君之尊人，国治先生，方募印陈文恭五种藏书以广流传，乞⑤予一言为引，予嘉⑥其用意良厚，又重以师命，弗敢辞，因徐谓彭君曰："君亦知人心风俗之所以盛衰乎？士者四民⑦之首，而人心风俗所视为转移者也。当其盛也，必有人焉⑧，言坊⑨行表为之倡道⑩，维持于其中；及其衰也，亦必有人焉，口诵诗书，身违礼义，使世人尤⑪而效之。而名教之闲，遂迄⑫于溃决而不可救止。故予尝谓，人心之坏，不坏于不识字、不读书之人，而坏于士人。则欲风俗之厚，亦不厚于不识字、不读书之人，而厚于士人。何者？士习不振，则于非士者又何责也？尊甫⑬之意，毋亦有鉴于是乎？"彭君方起而对，客有自旁诘之者，曰："是书诚善矣，第惟士喻之，士之数无几，而必专其责备，恐亦难以返人心而维风俗也。"余曰："如子言是，直谓天下无士可也。既士矣，将自责之不暇，而又奚暇计人之贤否哉？且今之士，大约自视过高，谓吾辈可谈性理，此外惟因果报应之说，足以耸其听闻耳。夫彼固非不信因果者也，彼谓士人取一衿^⑭，博一第诚不偶然。及徐而察其存心行事，尝有欺世而盗名者，甚至风流相尚，诩诩然自目曰名士。名士而逾检^⑮荡闲，更为愚夫愚妇所不屑为，则未尝不窃窃焉疑之，谓：'若是何以享荣名登高第耶？所谓天道是耶？非耶？'呜呼！挽回世道，士之责也，士而为人所疑，其又奚以劝人为耶。近日兖州太守陈莲史先生，文恭之嗣孙也。癸酉领解^⑯粤西，庚辰获会状，一人中三元，为世罕觏^⑰，闻其家尤屡世簪缨^⑱不绝，亦可知理学名臣，生膺^⑲显仕，而积善余庆，源远流长所云，因果报应，诚理有固然者，而究之文恭之意，初非计及乎此也。然则士之自立以为斯人倡，固有无庸外求者矣。"客默然无以应，遂书以与彭君，使归而返命，于其尊人，并质之玉衡师以为何如也。

道光八年三月初六日中江李福源容海谨撰

【注释】①岁戊子：农历纪年。时道光八年即公元一八二九年。②盖：发语词，表大概如此意。③缄：书信。④示：表明。把事物拿出来或指出来使别人知道。⑤乞：请求。⑥嘉：赞许。⑦四民：即士、农、工、商。⑧焉：语气助词，无实意。⑨坊：里巷。⑩道：通"导"。⑪尤：过失，错误。⑫遂迄：音suì qì。遂，于是。迄，到，至。⑬尊甫：音zūn fǔ，与"令尊"意同，对对方父亲的敬称。⑭衿：音jīn，古代服装下连到前襟的衣领，此指秀才。⑮逾检：逾，超过，越过。检，约束意。⑯领解：谓乡试中举。⑰觏：音gòu，遇见。⑱簪缨：音zān yīng，古代达官贵人的冠饰。后遂借以指高官显宦。⑲膺：音yīng，接受，担当，承当。

【译文】戊子年，我在斗山书院作主讲，选取陈宏谋先生《养正遗规》中的内容，确定为学习的基本规范。又从《训俗遗规》《教女遗规》《从政遗规》和《在官法戒录》各册书中选择了有关读书做人道理的内容，给众学生讲习，大家都乐于崇奉并且按照其中的要求去做。基本可说是详略得当、本末俱全了，学习的重要任务已尽在其中了。

　　一天，有一个从三邑来的客人敲门求见。我引他到了澄心堂上并询问他的姓名。说是姓彭，说着就掏出一封信以表明来意。我打开细读，原来是我的老师赵玉衡先生的亲笔信，说彭生父亲国治先生刚刚募集了款项准备重印陈宏谋先生的《五种遗规》，用来推广传播，请求我作一篇序言。我赞许他用意良好，更因为是老师的意思，所以不敢推辞。于是慢慢地对彭生说："你也知道人心风俗盛衰的原因吗？读书人是'士、农、工、商'四民中带头的，而人心风俗以他们马首是瞻。人心向善社会风气昌盛的时候，一定有人在街头巷尾言行率先，在世上为改善社会风气维持倡导；到了社会风气败坏的时候，也一定有人满口诗书，行为却违背礼义，使世人错误地跟着模仿他们的行为。好的教诲闲置不用，以至于社会风气的恶化就像堤坝溃决一样无法抢救和遏止。所以我常说，人心的坏不是坏在不识字、不读书的人身上，而是坏在了'士'人身上啊。那么民风厚道不厚道，也不在于不识字和不读书的人身上，而是在于'士'人身上。读书人风气不振，为什么要怪罪到不读书的人身上呢？你父亲的意思不也是有鉴于此吗？"彭生正准备起身回答，旁边的一位客人反问说："这套书确实是好。但唯有读书人才能明白其中道理，而读书人数量又很少，若一味要求和责备他们，恐怕难以恢复人心和风俗。"我说："如果你说得对，那么天下没有读书人也是可以的了。既然成为读书人，自责还没有足够时间呐，哪有闲工夫算计别人是否贤明呢？而且现在的读书人，都过高地看待自己，说'我们的水平足够谈人性和天理'。除此之外，只有因果报应的言论，足以震惊他们的耳目。他们本来也不是不相信因果报应的。他们也说读书人考取秀才和进士不是偶然的事情，冥冥中自有因果在。但是慢慢观察他们的存心和行为，常常发现有欺世盗名的，以至于这种风气已经被当作时尚而互相追逐，自夸自视为很有名望的人。

这些人还超越礼数整日闲荡，更做出一些让普通百姓都看不起的事情，暗地里对他们评头论足，心生怀疑，说道：'像他们这种人凭什么享受荣誉和美名，还能考中科举呢？这世上还有没有天道呢？'唉！挽回世道人心是读书人的责任，但读书人做人让人怀疑，他们又怎么能劝世人呢？现在的兖州太守陈莲史先生，是陈宏谋先生的孙子。嘉庆十八年（1813年）他在广西考取举人，嘉庆二十五年（1820年）考取进士获得状元，一人连中三元，这是世上罕见的。听说他家世代为显官，由此也可以知道这些理学名臣，不仅自己活着的时候身为朝廷重臣，并且说明了'积善之家必有余庆'，源远流长的道理，所以说因果报应是原本存在的真理。而探求陈宏谋先生的用意，起初并不是希求这些（回报）的，而后世的读书人能够自立，的确有些人是因为接受了他的倡导，就不用再去寻求其他的途径了。"那位客人听后再没有什么可说。我于是就将这些话写下来交给了彭生，让他回去向他的父亲复命，并请教玉衡老师，我这么做可以吗？

道光八年三月初六日中江李福源容海谨撰

目 录

卷 下

养正遗规补编

养
正
遗
规

养正遗规序

　　天下有真教术，斯有真人材。教术之端，自闾巷①始。人材之成，自儿童始。大易以山下出泉，其象为蒙。而君子之所以果行育德者，于是乎在。故蒙以养正，是为圣功②，义至深矣。余每见当世所称材子弟，大者夸记诵，诩③词章，而德行根本之地，鲜过而问焉。夫在山泉水清，出山泉水浊，繄④岂泉之咎哉。汩⑤泥扬波，父兄之教不先，子弟之率不谨也。宏谋公余考昔贤养正遗规，择其简要可通行者，厘⑥为二卷，篇帙⑦无多，本末略备，用以流布乡塾。俾⑧父兄师长，以是教其子弟，毋轻小节，毋骛⑨速成，循循⑩规矩。虽蒙养之事，而凡所以笃伦理砥躬行兴道艺者，悉已引其端，由是以之于大学之涂⑪庶几⑫源洁流清，于世教不无少助乎？钦惟圣天子昌明理学，文治日新，备员圻辅⑬，分路扬镳⑭，循行风俗，与有人材之责焉。故敢勉竭愚忱，具训蒙士，为郡邑先。其或以是为迂、为固、为琐屑而懑置⑮焉，余心滋戚矣。

乾隆四年三月既望桂林陈宏谋题于津门官舍

　　【注释】①闾巷：里巷；乡里。②圣功：谓至圣之功。《易·蒙》："蒙以养正，圣功也。"③诩：夸耀，说大话。④繄（yī）：惟；只。⑤汩（mì）：汩罗江，屈原沉水之江。～泥扬波，随波逐流的意思。⑥厘（lí）：整理的意思。⑦帙：量词，用于装套的线装书。⑧俾（bǐ）：使。⑨骛：本义指纵横奔驰。引为追求，强求。⑩循循：遵循规矩貌。⑪涂：通途。⑫庶几：希望，但愿。⑬圻辅（qí fǔ）：又作"畿（jī）辅"。古代指京城附近地区。⑭镳（biāo）：马嚼子。扬镳，驱马前进。⑮愁置：闲置，搁置。

【译文】天下有好的教育方法，才会有真正的人才。教法的起点要从乡里街巷开始，人才的培养，则要从儿童时期开始。《易经》蒙卦的卦象为山下流出泉水（上卦为艮，艮为山，下卦为坎，坎为水），君子效法蒙卦的精神，要在日常生活中以切切实实的行动来养育其德，就是这个道理。所以说，在童蒙的时候就培养孩子的正知正见，这是圣人的功业，意义是极其深远的！我常见到现在那些所谓才子的孩子，不过是以会背诵一些经史典章、做些诗词文章自诩，却在道德品行这些根本的方面，很少过问。山泉原本是清澈的，流出山以后就污浊了，难道只是山泉的过错吗？一个人随波逐流，染上世俗的习气，首先是父亲和兄长教育的失职，再就是孩子草率不恭谨造成的。于是我在公务之余，推究古圣先贤给孩子启蒙养正的规范和方法，并从中选出了简明扼要、便于普遍施行的内容，整理成两卷，篇幅虽然不算多，但也大致上本末完备。目的是想要流通到各地的乡校，使家长和老师们可以用它来教育自己的子弟。不要轻视细枝末节，也不要急于求成，应该严格遵循古人总结出来的教育方法。这本书虽然讲的是孩童蒙以养正的事情，但是一个人应该如何落实道德伦理，躬行圣贤教诲，增强道德学问，都是从这里开始的。如果像这样让一个人从小就能够把这些落实，将来等到读"大学"之时，自然因源洁而流清，对现在的教育难道不也是有所帮助的吗？当今的皇上亲自提倡要昌明理学，天下道德教化日日增新，在京都培养的大批教师，让他们分别下到地方，用正确的教育去影响社会和百姓，负起为国家培养人才的责任！我虽然愚钝，但愿也能够尽自己的一点微忱，准备培训启蒙老师，在这方面为各地方带个头。有的人认为这是迂腐的、过时的、琐屑的，故而不屑一顾，我为此感到心痛啊！

乾隆四年三月既望桂林陈宏谋题于津门官舍

卷上

朱子《白鹿洞书院揭示》

（公名熹，字元晦，宋婺源人，谥曰文，配祀十哲）

宏谋按：学也者所以学为人也。天下无伦外之人，故自无伦外之学。朱子首列五教，所以揭明学之本指，而因及为学之序，自修身以至处事接物之要。则学之大纲毕举，彻上彻下，更无余事矣。宏谋辑《养正规》，特编此为开宗第一义，使为父兄者共明乎此，则教子弟得所向方。自孩提以来，就其所知爱亲敬长，告以此为人之始，即为学之基。切勿以世俗读书取科名之说，汩乱①其良知，庶②耳所习闻，儿时亦晓然所学为何事。

【注释】①汩乱：扰乱。②庶：但愿，希冀。《左传·襄公二十六年》：(伍举)惧而奔郑，引领南望曰："庶几赦余。"

【译文】陈宏谋按语：学习的目的就是学习做人之道。天下没有伦常之外的人，当然也就没有伦常之外的学问。朱子在开篇即列出"五伦"之教，以此来阐明圣学的根本，进而说明了为学的次序，从修身直至处事、接物的要目都列了出来。这样，修学的大纲就完备了，可以说是贯通上下，修学的内容，除此之外更无他事了。宏谋编辑《养正遗规》一书，特别将此作为开卷第一篇，使天下做父亲、兄长的人都明白"五伦"之教，则教育子弟的方向就确定了。从孩提时代开始，就教

7

孩子懂得孝顺父母，尊敬长辈，告诉孩子这是做人的起点，求学的基础。千万不要用读书是为了求取功名的世俗之说，来扰乱孩子本有的良知，要让孩子通过学习和听闻，从小就明白学习圣贤教化是为了什么。

父子有亲，君臣有义，夫妇有别，长幼有序，朋友有信。右五教之目。尧舜使契为司徒，敬敷五教，即此是也。学者学此而已。

【译文】父子之间有生来就有的亲情，因此，父母要慈爱子女，子女要孝顺父母；君臣之间有生来就有的道义，所以，君待臣要以礼，臣事君要以忠，上级要信任下级，下级要对上级负责；夫妇之间有区分，夫妇之间要相敬如宾，男主外，为一家之主，生计之源，女主内，要教育子女，料理家条，夫刚妻柔；长幼之间要有秩序，凡事要长者先，幼者后，长辈要爱抚小辈，小辈要尊敬长辈。兄弟之间要兄友弟恭，和睦相处，情同手足；朋友之间要以诚信为本，坦诚相待。以上就是"五伦"之教的条目。早在尧舜的时代，就任命大臣契作为司徒，负责伦理道德教化，教化的内容，就是这"五伦"之教。后世的人学习圣贤教化，就是学习和落实这"五伦"之教。

而其所以学之之序，亦有五焉，其别如左：博学之，审问之，慎思之，明辨之，笃行之。右为学之序。

【译文】学习圣贤教诲的次序也有五条，即是"博学、审问、慎思、明辨、笃行"这是学习的次第。

学问思辨四者，所以穷理^①也。若夫笃行之事，则自修身以至于处事接物, 亦各有要, 其别如下。

【注释】①穷理: 穷究事物之理。

【译文】"博学、审问、慎思、明辨", 是让我们明白圣贤教化的道理。而"笃行"这一条就是要我们从日常修身到生活中处事、接物都处处要把圣贤的教诲落到实处, 这些, 每一个方面都有要点, 具体如下:

言忠信, 行笃敬。懲忿, 窒欲。迁善, 改过。右修身之要。

【译文】说话要忠诚守信, 行事要切实恭敬, 心中有了忿怒要立刻止住, 有了过分的欲望也要立刻熄灭, 要时刻一心向善, 念念改正自己的过失。这是修身之要。

正其谊①, 不谋其利。明其道, 不计其功。右处事之要。

【注释】①谊: 通"义"。

【译文】对人对事, 要符合义, 以利益社会大众为前提, 不能够谋求自己的私利; 做人做事, 要讲求道, 要想到是否符合道德仁义, 不能够以私人利害、功过为标准。这是处事之要。

己所不欲, 勿施于人。行有不得, 反求诸己。右接物之要。

【译文】自己不愿意接受的, 就不要强加于人。任何事情遇到失败或者挫折, 不要怪别人, 要从自己的身上找原因。这是接物的要点。

熹窃观古昔圣贤，所以教人为学之意，莫非使之讲明义理，以修其身，然后推以及人。非徒欲其务记览^①，为词章，以钓声名取利禄而已也。今人之为学者，则既反是矣。然圣贤所以教人之法，具存于经，有志之士，固当熟读深思而问辨之。苟知其理之当然，而责其身以必然，则夫规矩禁防^②之具，岂待他人设之，而后有所持循^③哉。近世于学有规，其待学者为已浅矣，而其为法，又未必古人之意也。故今不复以施于此堂，而特取凡圣贤所以教人为学之大端，条列于上，而揭之楣间。诸君其相与讲明遵守，而责之于身焉。则夫思虑云为之际，其所以戒谨^④而恐惧者，必有严于彼者矣。其有不然，而或出于此言之所弃，则彼所为规者，必将取之，固不得而略也。诸君其亦念之哉。

　　【注释】①记览：记诵阅览。②禁防：谓禁止防范。③持循：犹遵循。④戒谨：犹戒慎。小心谨慎。

　　【译文】我私下观察古圣先贤教人学习圣贤教化的意图，就在于给人把圣贤教化的义理讲明白，让人能够按照圣贤的教诲来修养身心，自己做到之后，然后再推以及人，让别人也来学习圣贤教诲。实在不是单纯地背诵一些经典，作一些诗词文章，来谋取世间的虚名和利禄啊。今天所谓的学人，走的路完全是和古圣先贤的教诲背道而驰啊。但是，古圣先贤教人的方法，都写在经书里面，凡立志做一番事业的人，一定要熟读深思并加以问辨。如果真正对圣贤的这些教诲完全通达明了了，那么自然就会按照圣贤的教诲去要求自己，这样一来，我们自然就会按照圣贤的教诲去落实了啊！难道还需要等他人来为我们设立各种禁止和防范的规矩，我们自己才去遵守吗？

　　近世学堂皆有校规，但对学生要求却不严，而且做法也不完全符合古人的教诲。所以这些内容就不在这里重复了，特地将古圣先贤教人为学的大要，列在这里，并将其贴在门上。希望大家相互讲明并遵守，落实在自己身上。如果能够做到这样，在思考行动的时候，自然就会小心谨慎，心存恐惧，必然会比那些只懂得做学问但是不能力行的人更能严格地要求自己。如果不是这样，就会违背古圣先贤的教诲，反而取法近世学者所推崇的错误的东西，所以我们千万不能够忽略啊！大家认真思考吧。

朱子《白鹿洞书院揭示》

朱子《沧洲精舍谕学者》

宏谋按：学莫先于立志，固人尽知之。但世人所谓立志，志科名耳，志利禄耳。每子弟发蒙①，即便以此相诱。故所夸材隽②，不过泛滥于记诵词章，而不复知孝悌忠信为何事。朱子谕学者，所云志不立之病，却在贪利禄，不贪道义，要作贵人，不要作好人。教后生须将此路头③，先与他指点明白，方得迤逦④向圣贤一路上去。故是编既⑤示以学之纲，即不可不正其志所向。否则志非其志，学亦非其学矣。

【注释】①发蒙：指启发蒙昧。《易·蒙》："初六，发蒙。"②材隽：即才隽，亦作"隽材"。才智出众的人，出众的才智。隽，通"俊"。③路头：途径、方向。④迤逦：渐次；逐渐。⑤既：就。

【译文】做学问以立志为先，这本来就是人们都知道的。只是现在世俗之人所谓立志，却是志在功名，志在利禄罢了。每每弟子启蒙的时候，都以功名利禄相引诱。所以他们所夸奖的才智，不过是泛滥于记诵诗词文章，而不再懂得孝悌忠信为何事了。朱子告诉学人，所说的志向不能确立的弊端，却是贪图利禄，不贪图道义；要做贵人，不想做好人。教导后生晚辈，必须将做学问的方向，先给他们指点明白，方能渐次引导他们走向圣贤之道。故编了这篇册子就是以示做学问的纲要，即不可不端正他们做学问的方向。否则所立非圣贤之志，所做学问也非圣贤之学了。

书不记，熟读可记。义不精，细思可精。惟有志不立，直是无著力处。只如而今，贪利禄而不贪道义；要作贵人而不要作好人，皆是志不立之病。直须反复思量，究见病痛①起处，勇猛奋跃②，不伏③作此等人。一跃跃出，见得圣贤所说千言万语，都无一事不是实语，方始立得此志。就此积累工夫④，迤逦向上去，大有事在，诸君勉旃⑤，不是小事。

【注释】①病痛：毛病；缺点。②奋跃：奋力跳跃，常以形容振奋。③不伏：不服。④工夫：理学家称积功累行、涵蓄存养心性为工夫。《朱子语类》卷六九："谨信存诚是里面工夫，无迹。"⑤勉旃：努力。多于劝勉时用之。旃，语助，之焉的合音字。

【译文】文章不能记诵，熟读就可以记诵；义理不精通，深思就能精通。唯有志向不确立，真是没有可用力的地方了。就像现在的人，贪图利禄而不贪图道义，要做贵人不愿做好人，都是志向不能确立的弊病。只需要反复思考，穷究发现自己毛病的起源，勇敢地振奋精神，不甘心作此等俗人。一跃跃出，得见圣贤所说的千言万语，没有一件事不是实话，这才叫做立志。就这样努力积累功行，渐次地向上走，这其中大有事在。诸位振奋努力，不是小事。

朱子《童蒙须知》（有序）

　　夫童蒙^①之学，始于衣服冠履，次及言语步趋，次及洒扫涓洁^②，次及读书写文字，及有杂细事宜，皆所当知。今逐目条列，名曰《童蒙须知》。若其修身^③、治心^④、事亲、接物、与夫穷理尽性^⑤之要，自有圣贤典训^⑥，昭然^⑦可考。当次第晓达^⑧，兹不复详著云。

　　【注释】①童蒙：幼稚愚昧。《易·蒙》："匪我求童蒙，童蒙求我。"朱熹本义："童蒙，幼稚而蒙昧。"②涓洁：洁净，清洁。《逸周书·大匡》："昭洁非为，为穷非涓，涓洁於利，思义丑贪。"③修身：陶冶身心，涵养德性。儒家以修身为教育八条目之一。唐元稹《授杜元颖户部侍郎依前翰林学士制》："慎独以修身，推诚以事朕。"④治心：修养自身的思想品德。⑤穷理尽性：穷究天地万物之理与性。《易·说卦》："穷理尽性以至於命。"⑥典训：《尚书》中《尧典》《伊训》等篇的并称。指经典或《尚书》。南朝梁刘勰《文心雕龙·才略》："准的所拟，志乎典训，户牖虽异，而笔彩略同。"⑦昭然：明白貌。《礼记·仲尼燕居》："三子者，既得闻此言也，於夫子，昭然若发矇矣。"⑧晓达：通晓。

　　【译文】儿童启蒙之学，从穿衣戴帽开始，然后是言行举止，然后是扫洒清洁，然后是读书写字，以及各种杂事，都是应当懂得的。今天逐条列出，名字叫《童蒙须知》。如果是修身、治心、事亲、接物，以及穷究万物的理与性的关键，自有圣贤的训诫，明明白白的可以参考，应当循序渐进地通晓，在此就不再赘述。

宏谋按：前二篇，为学者定其纲宗，端所祈向①。而蒙养从入之门，则必自易知而易从者始。故朱子既尝编次②《小学③》，尤择其切于日用，便于耳提面命④者，著为《童蒙须知》，使其由而循循⑤焉。凡一物一则⑥，一事一宜⑦，虽至织至悉⑧。皆以闲⑨其放心⑩，养其德性，为异日⑪进修⑫上达⑬之阶，即此而在矣。吾愿为父兄者，毋视为易知，而教之不严；为子弟者，更毋忽以不足知，而听之藐藐⑭也。

【注释】①祈向：向导；引导。②编次：编排次序；编辑体例。③小学：这是朱熹所编撰的一本书。此书为启蒙著作，分作内、外两篇，内篇又分立教、明伦、敬身、稽古四门，外篇分嘉言、善行二门。④耳提面命：《诗·大雅·抑》："匪面命之，言提其耳。"孔颖达疏："非但对面命语之，我又亲提撕其耳，庶其志而不忘。"后以"耳提面命"谓教诲殷切，要求严格。⑤循循：有顺序貌。⑥则：准则，法则。《说文》：则，等画物也。《尔雅》：则，法也；则，常也。《管子·七法》：根天地之气，寒暑之和，水土之性，人民鸟兽草木之生物，虽不甚多，皆均有焉，而未尝变也，谓之则。⑦宜（yí）：通"仪"。法度，标准。《诗·大雅·文王》：宜鉴于殷，骏命不易。⑧至织至悉：极其细致周密。⑨闲：限制，约束。《书·毕命》：虽收放心，闲之维艰。⑩放心：放纵之心。《书·毕命》："虽收放心，闲之惟艰。"⑪异日：犹来日；以后。⑫进修：犹言进德修业。⑬上达：古谓士君子修养德性，务求通达于仁义。《论语·宪问》："君子上达，小人下达。"邢昺疏："言君子小人所晓达不同也。本为上，谓德义也；末为下，谓财利也。言君子达于德义，小人达于财利。"⑭藐藐：轻视冷漠貌。《诗·大雅·抑》："诲尔谆谆，听我藐藐。"

【译文】宏谋按：前二篇，为读书人定下纲领宗旨，端正学习导向。而童蒙养正所入门的地方，则必是从易知易学开始。故此朱子编辑了《小学》之后，又选择那些切合日常运用、便于日常教诲的内容，编辑为《童蒙须知》，使他们由此入门，而能够循序渐进。但凡一事一法，一事一义，无不细致周密。旨在约束放纵之心，涵养本善之德性，为来日进德修业、达于仁义的阶梯，教学的目的就在此地。我愿那些作父兄的，不要看到容易了解，就教之不严；作为弟子的，更不要以为不需要学这些小事，而藐视不听。

衣服冠履第一

大抵为人，先要身体端整①。自冠巾、衣服、鞋②袜③，皆须收拾爱护，常令洁净整齐。我先人④常训子弟云："男子有三紧，谓头紧腰紧脚紧。头，谓头巾，未冠者总髻⑤。腰，谓以条或带束腰。脚，谓鞋袜。此三者，要紧束，不可宽慢，宽慢⑥则身体放肆不端严，为人所轻贱⑦矣。

凡著衣服，必先提整衿⑧领，结两袵⑨纽带，不可令有缺落。饮食照管，勿令污坏⑩。行路看顾，勿令泥渍。

凡脱衣服，必齐整折叠箱箧中，勿散乱顿放⑪，则不为尘埃杂秽所污。仍⑫易于寻取，不致散失。著衣既久，则不免垢腻。须要勤勤洗浣。破绽则补缀之。尽补缀无害，只要完洁。

凡盥⑬面，必以巾帨⑭遮护衣领，卷束两袖，勿令有所湿。

凡就劳役，必去上笼衣服，只著短便，爱护勿使损污。

凡日中⑮所著衣服，夜卧必更则不藏蚤虱，不即敝坏⑯。苟能如此，则不但威仪可法，又可不费衣服。晏子⑰一狐裘⑱三十年，虽意在以俭化俗，亦其爱惜有道也。此最饬身之要。毋忽。

【注释】①端整：端庄整齐。②鞵：同"鞋"。③韤：同"袜"。④先人：亡父。《左传·宣公十五年》："尔用先人之治命，余是以报。"⑤总髻：即总角。古时儿童束发为两结，向上分开，形状如角，故称总角。⑥宽慢：谓蓬松散乱。⑦轻贱：轻视。《三国志·魏志·卫觊传》："刑法者，国家之所贵重，而私议之所轻贱。"⑧衿：古代服装上连到前襟的衣领。⑨裾：同"衽"。衣襟。⑩污坏：污染败坏。⑪顿放：安置；放置。《朱子语类》卷一一七："未熟时，顿放这里又不稳帖，拈放那边又不是。"⑫仍：于是；乃。⑬盥：浇水洗手，泛指洗。⑭巾帨：手巾。⑮日中：犹日内。⑯敝坏：破旧衰败。⑰晏子：名婴，字平仲，汉族，春秋时齐国夷维（今山东高密）人。晏婴历任齐灵公、齐庄公、齐景公三朝的卿相，辅政长达50余年。周敬王二十年（公元前500年），晏婴病逝。孔丘（孔子）曾赞曰："救民百姓而不夸，行补三君而不有，晏子果君子也！"⑱狐裘：用狐皮制的外衣。

【译文】做人首先要先整齐端正身体。从头巾、衣服、鞋袜开始，都要收拾爱护，使之保持洁净整齐。先父常训诫弟子说："男人有三紧。"是说头紧腰紧脚紧。头，说的是扎好头巾，未成年人要总髻。腰，说的是用条或带束腰。脚，说的是穿鞋袜。这三者，要紧束，不可散乱，散乱则身体就会散漫不端庄，被别人轻视。

凡是穿衣服，一定要先提整衣领，系好两襟的纽带，不可有遗漏。用饭时照管好，以免污染败坏；走路时看管好，以免被泥污染。

凡是脱衣服，一定要整齐地折叠好放在箱子里，不要散乱放置，不要被尘土污秽污染。这样容易寻找，不至于丢失。衣服穿久了，就不免有污垢，一定要勤洗晾干。有破处就缝补，有补丁没有什么，只要完整洁净。

凡是洗脸时，一定要用毛巾遮挡保护衣领，卷起两袖，以免沾湿衣服。

凡是劳动时，一定要脱去长衣，只穿短便服装，保护衣服不要受到损坏污染。

凡是日内所穿的衣服，夜里睡觉要更换下来，就不会藏虱子跳蚤，不这样做衣服就会损坏。如果能这样，则不但威仪可使人效法，又能不浪费衣服。晏子一袭裘皮衣穿了三十多年，虽然其用意是为了以简朴来感化世俗，也是因他爱护有道。这是警饬己身的关键，不要忽视。

语言步趋第二

凡为人子弟，须是常低声下气，语言详缓①，不可高言②喧閧③，浮言④戏笑⑤。父兄长上，有所教督⑥，但当低首听受，不可妄大议论。长上检责⑦，或有过误，不可便自分解⑧，姑且隐默⑨。久却徐徐细意⑩条陈⑪云："此事恐是如此，向者当是偶尔遗忘。"或曰："当是偶尔思省未至。"若尔⑫，则无伤忤，事理自明。至于朋友分上，亦当如此。

凡闻人所为不善，下至婢仆违过，宜且包藏⑬，不应便尔声言⑭。当相告语。使其知改。

凡行步趋跄⑮，须是端正，不可疾走跳踯⑯。若父母长上，有所唤召，却当疾走而前，不可舒缓。

【注释】①详缓：和缓。详，通"祥"。②高言：高声说话。③閧（hòng）：古同"哄"，喧闹。④浮言：无根据的话。《书·盘庚上》："汝曷弗告朕，而胥动以浮言。"⑤戏笑：玩笑，嬉笑。⑥教督：教导督促。⑦检责：检查。⑧分解：分辩，解释。⑨隐默：沉默不出；缄默不言。⑩细意：犹细心。⑪条陈：分条陈述。⑫若尔：如此，如果这样。⑬包藏：犹包涵；宽容。⑭声言：声称，扬言；声张。⑮趋跄：形容步趋中节。古时朝拜晋谒须依一定的节奏和规则行步。亦指朝拜，进谒。⑯跳踯：上下跳跃。

【译文】凡是做人弟子的，一定要态度谦恭，说话和缓，不可高声喧闹、玩笑嬉闹。父兄师长，有所教导，只应当低头听受，不可妄加议论。师长检查，有时有错误，不可马上辩解，姑且缄默不言。过段时间再慢慢细心分条陈述说："此事恐怕是如此，先前可能是不小心遗漏。"或者说："应当是偶然没考虑到。"如果这样，就不会忤逆师长，事理也自然明了了。至于对于朋友，也应当如此。

凡是听到别人的不善事，下到婢女仆人，应当包涵，不应马上声张，应当私下以言语相告，使其改正。

凡是步行拜谒他人时，不能快步奔跑跳跃。如果父母师长有召唤时，应该快步向前，不可迟缓。

洒扫涓洁第三

凡为人子弟，当洒扫居处之地，拂拭几案，当令洁净。文字①笔砚，凡百②器用③，皆当严肃④整齐，顿放有常处。取用既毕，复置元所。父兄长上坐起处，文字纸札⑤之属，或有散乱，当加意⑥整齐，不可辄自取用。凡借人文字，皆置簿抄录主名，及时取还。窗壁、几案、文字间，不可书字。前辈云："坏笔污墨，瘝⑦子弟职。书几书砚⑧，自黥⑨其面。"此为最不雅洁⑩，切宜深戒。

【注释】①文字：公文；案卷。②凡百：一切；一应。《诗·小雅·雨无正》："凡百君子，各敬尔身。"郑玄笺："凡百君子，谓众在位者。"③器用：器皿用具。《书·旅獒》："无有远迩，毕献方物，惟服食器用。"④严肃：谓严谨而有法度。⑤纸札：纸张。⑥加意：注重；特别注意。⑦瘝（guān）：旷废。⑧书砚：砚台。⑨黥：刺刻花纹并涂颜料。⑩雅洁：雅致高洁。

【译文】凡是做人弟子的，应当扫洒住处的地面，擦拭桌子茶几，使之保持洁净。书本案卷笔砚，一切用具，都应当严谨整齐，放在平常放置之处。取用完毕，再放回原地。父兄师长起居处，书本纸张之类，如果有散乱，应当留心整理好，不可擅自取用。凡是借的别人的书卷、资料，都用簿子抄录下主人的名字，及时归还。窗子、墙壁、案桌、案卷之上，不可写字。前辈说，弄坏笔，使墨污，是弟子废弛职分。书桌砚台，在上面刺刻涂抹，这是最不雅的，一定要戒除。

读书写文字第四

凡读书，须整顿①几案，令洁净端正。将书册整齐顿放，正身体，对书册，详缓看字，仔细分明读之。须要读得字字响亮，不可误一字，不可少一字，不可多一字，不可倒一字，不可牵强②暗记③。只是要多诵遍数，自然上口，久远不忘。古人云："读书千遍，其义自见。"谓熟读则不待解说，自晓其义也。余尝谓读书有"三到"，谓心到、眼到、口到。心不在此，则眼不看仔细。心眼既不专一，却只漫浪④诵读，决不能记。记亦不能久也。三到之法，心到最急。心既到矣，眼口岂不到乎。

凡书册，须要爱护，不可损污皱折⑤。济阳江禄，书读未完，虽有急速⑥，必待掩束⑦整齐，然后起。此最为可法。

凡写文字，须高执墨锭，端正研磨，勿使墨汁污手。高执笔，双钩⑧端楷书字，不得令手揩⑨著豪。

凡写字，未问写得工拙如何，且要一笔一画，严正分明，不可潦草。

凡写文字，须要仔细看本，不可差讹⑩。

【注释】①整顿：整理。②牵强：犹勉强。③暗记：默记。④漫浪：

放纵而不受世俗拘束，这里是随意的意思。⑤皱折：衣物等摺叠的痕迹。⑥急速：指仓卒间发生的事。⑦掩束：掩盖，绑扎。⑧双钩：初练书法者临帖。⑨揩：擦拭，这里是接触的意思。⑩差讹：错误，差错。

【译文】凡读书时，必须先整理几案，将其擦拭干净，摆放端正；将书册整齐放好，端正身体，正对书册详观，字要看分明。读书时，定要字字读得响亮，不可误一字，不可少一字，不可多一字，不可倒一字；不可勉强背诵，只要一遍遍地多读，自然能熟练，长久不忘。古人说："读书千遍，其义自见。"意思是书读得熟了，无须老师讲解，就知道它的意思了。我曾经说过读书要三到：心到、眼到、口到。心如不到，眼就会看不仔细。心、眼都不专一，却在那里高一声低一声地随意诵读，绝对不会记住，就算记住了也不会记得长久。三到之中，心到最重要，心既然到了，眼、口岂有不到之理？

凡是书册，都须爱护，不可损污皱折。济阳人江禄书未读完时，即使有紧急的事情，也定要待将书掩束整齐后再起身，这是很值得效法的。

凡是写字，必须拿着墨锭的上端，端端正正地研墨，勿使墨汁沾到手；手执笔的上端，呈双钩状写楷书，手指不得接触笔毫。

凡是写字，不管写得是否漂亮，必须一笔一画地写，做到字体端正，笔画分明，不可潦草。

凡是抄写文章，必须要仔细对照原本，不可出现误差。

杂细事宜第五

凡子弟，须要早起晏①眠。

【注释】①晏：通"旰"（gàn）。迟。

【译文】凡是弟子，一定要早起晚睡。

凡喧哄争斗之处，不可近。无益之事，不可为。（谓如赌博、笼养、打球、踢球、放风筝等事。）

【译文】凡是喧闹争斗的地方，不可靠近。无意义的事情，不要做。（像赌博、养宠物、打球、踢球、放风筝等事。）

凡饮食，有则食之，无则不可思索①。但粥饭充饥，不可缺。

【注释】①思索：想要索取。

【译文】凡是吃饭，有就吃，没有就不要思虑索求。但是粥饭等充饥之物，不可不吃。

凡向火，勿迫近火旁。不惟举止不佳，全防焚爇①衣服。凡相揖，必折腰②。

【注释】①焚爇（fén ruò）：犹烧毁。②折腰：弯腰行礼。

【译文】凡是对着火时，不要太靠近火旁。这样不只是举止不雅，更是要防止烧毁衣服。凡是相互作揖时，一定要弯腰。

凡对父母长上朋友，必称名①。凡称呼长上，不可以字②，必云某丈③。如弟行④者，则云某姓某丈。（按《释名》："弟训第，谓相次第也。"某丈者，如云张丈李丈。某姓某丈者，如云张三丈李四丈。旧注云。）

【注释】①称名：自称时不能只称"我"，要称自己的名。②不可以字：

不能以字相呼。字，乳名、小名。③丈：对长辈的尊称。④弟行：排行第几。

【译文】凡是对父母师长朋友，一定要报出自己的名。凡是称呼师长，不可称字，一定要称某爹、某爷、某伯、某叔。如果是排行第几，则说某姓某丈。

凡出外，及归，必于长上前作揖。虽暂出，亦然。

【译文】凡是外出，等到归来，一定要向长辈说明事由并行礼。即使是暂时外出回来，也一样。

凡饮食于长上之前，必轻嚼缓咽，不可闻饮食之声。

【译文】凡是在长辈面前吃饭，一定要轻嚼慢咽，不可听到咀嚼啜饮之声。

凡饮食之物，勿争较多少美恶。

【译文】凡是饮食之物，不要计较多少和好坏。

凡侍长者之侧，必正立拱手。有所问，则必诚实对，言不可妄。

【译文】凡是侍立长辈身旁，一定要端身拱手，长辈有所问，一定要诚实对答，不能有虚妄之语。

凡开门揭帘，须徐徐轻手，不可令震惊声响①。

【注释】①震惊声响:发出震动声响。

【译文】凡是开门掀帘时,一定要慢,手要轻,不可发出震动声响。

凡众坐,必敛身,勿广占坐席。

【译文】凡是在众人中坐,一定要收敛身体,不要多占了席位。

凡侍长上出行,必居路之右,住必居左。

【译文】凡是侍奉长辈出行,一定要处在路的右边,歇息时则一定处在长辈左边。

凡饮酒,不可令至醉。

【译文】凡是饮酒,不可到喝醉的程度。

凡如厕,必去外衣,下必盥手。

【译文】凡是去厕所,一定要先除去外衣,之后一定要洗手。

凡夜行,必以灯烛,无烛则止。

【译文】凡是夜行时,一定要有灯火,没有灯火就不要去。

凡待婢仆,必端严,勿得与之嬉笑。执器皿,必端严,惟恐有失。

【译文】但凡对待婢女仆人，一定要端庄严肃，不要与之开玩笑。手拿器皿，一定要端正严谨，以免失手。

凡危险，不可近。

【译文】凡是危险的地方，不可靠近。

凡道路遇长者，必正立拱手，疾趋^①而揖。

【注释】①疾趋：快而轻地小步走上前。
【译文】凡是路上遇到长者时，一定要端身拱手，快而轻地小步上前行礼。

凡夜卧，必用枕，勿以寝衣^①覆首^②。

【注释】①寝衣：小被，即夹被。②覆首：盖头。
【译文】凡是夜里睡觉时，一定要使用枕头，不要用夹被盖头。

凡饮食，举匙必置箸，举箸必置匙。食已，则置匙箸于案^①。

【注释】①案：古代有短脚盛食物的木托盘
【译文】凡是吃饭时，拿起汤匙时，要放下筷子；拿起筷子时，要放下汤匙。饭后，则把汤匙和筷子放在木托盘里。

杂细事宜，品目^①甚多，姑举其略，然大概具矣。凡此五篇若能遵守不违，自不失为谨愿^②之士。必又能读圣贤之书，恢大^③此心，进德修业^④，入于大贤君子之域，无不可者。汝曹^⑤宜勉之。

【注释】①品目：事物的名目。②谨愿：诚实。③恢大：犹弘大。④进德修业：增进品德，修养学业。《易·乾》："君子进德修业。"孔颖达疏："德谓德行，业谓功业。九三所以终日乾乾者，欲进益道德，修营功业，故终日乾乾匪懈也。"⑤汝曹：你们。

【译文】弟子应遵守的细碎事情，名目很多，暂且大略列举，但是大概具备了。凡是这五篇，如果能遵守不违反，自然不失为诚实之人。如果又能读圣贤之书，发大愿力，增进德行，修养学业，要进入那些品德高尚之人的行列，就没有什么不能够做到的。诸位应该勤勉践行。

朱子论定《程董学则》

(程名端蒙,字正思,董名铢,字叔仲。俱江西德兴人)

　　宏谋按:《童蒙须知》,为父兄者所以教其子弟也。《程董学则》,则自十年出就外傅①以上事。凡乡塾②党庠③,胥④可通行,故朱子尝以为有古人小学之遗意焉。父兄教之于家,师长教之于塾,内外夹持⑤,循循⑥规矩。非僻⑦之心,复何自入哉。

　　【注释】①出就外傅:离家就学于师。《礼记·内则》:"九年,教之数日。十年,出就外傅,居宿於外,学书记。"②乡塾:旧时乡里进行教学的地方。③党庠(dǎng xiáng):指古代乡学。语出《礼记·学记》:"古之教者,家有塾,党有庠。"④胥:都;皆。《诗·小雅·角弓》:尔之教矣,民胥效矣。⑤夹持:犹夹辅,匡助。《朱子语类》卷七十:"自是小人皆不敢为非,被君子夹持得皆不敢为非,被君子夹持得皆革面做好人了。"⑥循循:遵循规矩貌。⑦非僻:"非辟"。邪恶。《礼记·玉藻》:"非辟之心,无自入也。"

　　【译文】宏谋按:《童蒙须知》,是做父兄的用来教育子弟的。《程董学则》,则是自十岁起离家求学的弟子应遵循的。凡是乡学私塾,都可以通用,所以朱子曾以为有古人小学的遗风。父兄在家庭里教育,师长在学校里教育,内外协助,遵守规矩。这样,邪恶之念,又怎么能再进入子弟的心呢。

凡学于此者，必严朔望①之仪。

其日昧爽②，值日一人，主击板。始击，咸起，盥、漱、总③、栉④、衣、冠。再击，皆着深衣⑤，或凉衫⑥，升堂⑦，师长率弟子，诣先圣像前再拜，焚香，讫。又再拜，退。师长西南向立，诸生之长者，率以次东北，向再拜⑧，师长立而扶之。长者⑨一人前致辞，讫，又再拜，师长入于室。诸生以次环立，再拜，退，各就案。

【注释】①朔望：朔日和望日。旧历每月初一日和十五日。亦指每逢朔望朝谒之礼。②昧爽：拂晓；黎明。《书·牧誓》："时甲子昧爽，王朝至于商郊牧野。"③总：束系，束头发。④栉（zhì）：用梳子梳头发。⑤深衣：古代上衣、下裳相连缀的一种服装。为古代诸侯、大夫、士家居常穿的衣服，也是庶人的常礼服。《礼记·深衣》："古者深衣，盖有制度，以应规矩，绳权衡。"⑥凉衫：南宋士大夫的白色便服。绍兴末，诏用朱熹言，罢紫衫，以凉衫视事。至乾道初年，礼部侍郎王曮又以凉衫纯素，似凶服，奏请除乘马道途许服外，馀不得服。自后凉衫只用为凶服。⑦升堂：登上厅堂。《仪礼·乡射礼》："皆由其阶，阶下揖，升堂揖。"《论语·乡党》："摄齐升堂，鞠躬如也，屏气似不息者。"⑧再拜：拜了又拜，表示恭敬。古代的一种礼节。⑨长者：年纪大或辈分高的人。

【译文】凡是学习《程董学则》的人，一定要严谨地进行初一和十五的礼仪。

在那一天的拂晓，值日的那一个人，主管打板。第一次打板，大家都要起床，洗脸、漱口、束发、梳头、穿衣、戴帽。第二次打板，都要穿着正式衣裳，或者白色便装，登堂；师长率领弟子，到先圣孔子像前拜两次，焚香；完毕后又拜一次，然后退下；师长向西南而立，诸学生中年岁大的人，率领大家按次序向东北方向再拜，师长站着搀扶他们；年岁大的一人向前致辞，完毕，又再拜；师长进入内室，诸位学生依次环形站立，再拜，退出，各归座位。

谨^①晨昏^②之令。

常日击板如前。再击，诸生升堂序立，俟师长出户，立定^③皆揖，次分两序，相揖而退。至夜将寝，击板会揖，如朝礼^④。会讲^⑤、会食^⑥、会茶^⑦，亦击板如前，朝揖，会讲，以深衣，或凉衫，余以道服^⑧褙子^⑨。

【注释】①谨：恭敬。②晨昏："晨昏定省"之略语。谓朝夕慰问奉侍。③立定：站住。④朝礼：参拜；朝拜。⑤会讲：中国古老的学术研讨方式。中国的私学传统从老子一直到墨子，都延袭"会讲"的传统。学术同仁们聚在一间大的房子，谁的学问好，大家就来向他学习，这就是"会讲"。⑥会食：相聚进食。⑦会茶：会聚饮茶。⑧道服：僧道的服装。亦指家居穿的道袍。⑨褙子：即背子。一种由半臂或中单演变而成的上衣。相传始于唐，盛行于宋元。宋代男女皆服，因使用和时间的不同，其形式变化甚多。

【译文】学生要恭敬对待晨昏定省之礼。

平日打板如前面。第二次打板，诸位学生登堂，有次序地站立，等师长出门，站定一起作揖，相互作揖后退出。到了夜晚将要就寝时，打板后，对师长行礼问候，如朝拜之礼。会讲学习、会聚就餐、会聚饮茶前，也如同前面一样打板。早晨的问候礼、会讲学习，穿正式衣裳，或者白色便装，其余可以穿居家道袍或背子。

居处必恭。

居有常处^①，序坐以齿^②。凡坐，必直身^③正体，毋箕踞^④、倾倚^⑤、交胫、摇足。寝，必后长者。既寝，勿言。当书，勿寝。

【注释】①常处：固定的地点。②齿：指年龄。《礼记·曲礼》：齿路马有诛。注:"数年也。"③直身:伸直的身躯。④箕踞:一种轻慢、不拘礼节的坐的姿态。即随意张开两腿坐着,形似簸箕。⑤倾倚:倚靠。

【译文】日常起居必须恭敬。

居住有固定的地点,在席上以年龄排序而坐。凡是坐时,一定要挺直端正身体,不要张腿、倚靠、叉腿、摇足。睡觉时,必须在长者之后。睡觉之后,不要讲话。应当学习书写时,不要睡觉。

步立必正。

行必徐,立必拱。必后长者,毋背所尊。毋践阈①,毋跛倚②。

【注释】①阈:门坎。②跛倚:站立歪斜不正,倚靠于物。指不端庄的样子。《礼记·礼器》:"有司跛倚以临祭,其为不敬大矣。"郑玄注:"偏任为跛,依物为倚。"孔颖达疏:"以其事久,有司倦怠,故皆偏跛邪倚於物。"

【译文】走路站立一定要端正。

行走时步伐一定要慢步走,站立时一定要拱手。一定让长者先走,不要背对着应尊重的人。不要踩踏门槛,不要倚靠门柱。

视听必端。

毋淫视①,毋倾听②。

【注释】①淫视:流转眼珠斜看。《礼记·曲礼上》:"毋淫视。"孔颖达疏:"毋淫视者,淫谓流移也。目当直瞻视,不得流动邪眄也。"②倾听:侧着头听。《礼记·曲礼上》:"立不正方,不倾听。"孔颖达疏:"不得倾头属听左右也。"

【译文】视听要庄重。

不要流转眼珠斜着看,不要侧着头听。

言语必谨。

致详审①，重然诺②，肃声气③。毋轻④，毋诞⑤，毋戏谑、喧哗。毋论及乡里人物长短，及市井鄙俚⑥无益之谈。

【注释】①详审：周详审慎。②然诺：然、诺皆应对之词，表示应允。引申为言而有信。③声气：说话的声音和语气。④轻：随便，不庄重。⑤诞：欺诈，虚妄。⑥鄙俚：粗野；庸俗。

【译文】言语要严谨。

说话要做到周详审慎，要言而有信，语气要恭敬。不可随便，不可虚妄，不可调笑、喧闹。不可议论乡里人物的长短，以及市井粗俗无用的言谈。

容貌必庄。

必端严①凝重②，毋轻易③放肆，毋粗豪④狠傲，毋轻有喜怒。

【注释】①端严：端庄严谨；庄严。②凝重：庄重；稳重。③轻易：轻率，随便。④粗豪：粗疏豪放。

【译文】容貌要庄重。

一定要端庄稳重，不可轻浮放肆，不可粗鲁傲慢，不要轻易流露喜怒哀乐。

衣冠必整。

毋为诡异①华靡②，毋致垢敝③简率④。虽燕处⑤，不得裸袒⑥露顶。虽盛暑，不得辄⑦去鞋袜。

【注释】①诡异：怪异；奇特。②华靡：华丽奢靡。③垢敝：亦作"垢弊"或"垢弊"。又脏又破。④简率：简略草率。⑤燕处：退朝而处；闲居。《礼记·经解》："天子者，与天地参……其在朝廷，则道仁圣礼义之序；燕处，则听雅颂之音。"⑥裸袒：赤身露体。⑦辄：擅自。

【译文】衣冠要整洁。

不可穿着怪异华丽，也不可破旧草率。即使闲居，不得赤身露体。即使盛夏，不得除去鞋袜。

饮食必节。

毋求饱，毋贪味。食必以时。毋耻恶食。非节、假及尊命，不得饮酒。饮不过三爵，勿至醉。

【译文】饮食要有节制。

不可过饱，不可贪美味。吃饭一定要按时。不可耻于吃粗饭。不是节日、假日以及师长的授意，不可饮酒。饮酒不能超过三杯，不要喝醉。

出入必省①。

非尊长呼唤，师长使令②，及己有急干③，不得辄出学门。出必告，反必面。出不易方，入不逾期。

【注释】①省：探望，问候（多指对尊长）。《礼记·曲礼》：昏定而晨省。注："问其安否何如。"②使令：差遣，使唤。③急干：紧急的差事。

【译文】出入时一定要问安。

不是尊长传唤、师长派遣，以及有急事，不得擅自出学校门。要出门一定要告知师长，返回时一定要面见师长。出门不擅自改变预先告知去的地方，返回不超过允诺的期限。

读书必专一。

必正心肃容，记遍数。遍数已足，而未成诵，必须成诵。遍数未足，虽已成诵，必满遍数。一书已熟，方读一书，毋务泛观。毋务强记。非圣贤之书勿读。无益之文勿观。

写字必楷敬。勿草，勿敧倾①。

【注释】①敧倾：歪斜；歪倒。

【译文】读书一定要专心。

一定要端正态度，严肃认真，诵记多遍。读数遍后还未能背诵的，一直读到能背诵为止。读的遍数没有到要求诵读次数就能背诵的，也要读满要求的遍数才能停。一本书能熟练背诵后，才能读另一本书，不要追求泛读，也不要强记。不是圣贤书不要读，没有益处的文章不要看。

写字一定要用楷书，要庄敬。

不要潦草，不要歪斜。

几案必整齐。

位置有伦①，简帙②不乱。书箧③衣笥④，必谨扃钥⑤。

【注释】①伦：条理，顺序。《逸周书》：悌乃知序，序乃伦；伦不腾上，上乃不崩。②简帙：指书籍。③书箧（shū qiè）：书箱。④衣笥（yī sì）：盛衣服的竹器。⑤扃钥：关闭，锁闭。

【译文】案桌一定要整齐。

案桌摆放有次序，书籍不乱放。书柜衣箱，一定要谨慎闭锁。

堂室①必洁净。

逐日②，值日再击板如前。以水洒堂上，良久③，以帚扫去尘埃，以巾扰拭④几案。其余悉令斋仆⑤扫拭之。别有污秽，悉令扫除，不拘早晚。

【注释】①堂室：厅堂和内室。《论语·先进》："由也升堂矣，未入於室也。"皇侃疏："窗、户之外曰堂，窗、户之内曰室。"②逐日：一天接一天；每天。③良久：一会。④扰拭：揩，擦。⑤斋仆：旧指学舍中的仆役。

【译文】厅堂居室一定要整洁。

每天，值日再次打板如前面。以水洒厅堂上，等一会，以扫帚扫去灰尘，以毛巾擦拭案桌。其余的都让仆人扫除擦拭。另有污秽，都要扫除，不论早晚。

相呼必以齿。

年长倍者以丈。十年长者以兄。年相若以字勿以尔汝①。书问②称谓，亦如之。

【注释】①尔汝：古代尊长对卑幼者的称呼。引申为轻贱之称。《孟子·尽心下》："人能充无受尔汝之实，无所往而不为义也。"朱熹集注："盖尔汝，人所轻贱之称。"②书问：书信。

【译文】相互称呼以年龄为序。

比自己年长一倍的以某伯、某叔称呼，长十年左右的以某兄称呼，年纪相仿的以其人之字称呼，不要称"你"。书信称谓，也是一样。

接见①必有定。

凡客请见师长，坐定，值日击板，诸生如其服升堂，序揖，立侍，师长命之退，则退。若客于诸生中，有自欲相见者，则见师长毕，就其位见之。非其类者，勿与亲狎②。

【注释】①接见：犹会见。②亲狎：亲近狎昵。

【译文】会见要有定规。

凡是客人请求见师长，入座，值日的打板，诸位学生穿其礼服，登堂，依序作揖，侍立在旁，师长命退出，则退出。如果客人在学生中，有自己想会见的，则等会见师长后，学生靠近客人的座位会见。不是同类人，就要不亲近狎昵。

修业①有余功，游艺②以适性③。

弹琴、习射、投壶各有仪矩④，非时⑤勿弄。博弈鄙事⑥，不宜亲学。

【注释】①修业：学习知识，钻研学问。②游艺：亦作“游秇”。谓游憩于六艺之中，后泛指学艺的修养。《论语·述而》：“志於道，据於德，依於仁，游於艺。”何晏集解：“艺，六艺也，不足据依故曰游。”邢昺疏：“六艺谓礼、乐、射、驭、书、数也。”③适性：称心，合意。④仪矩：仪法规矩。⑤非时：不是时候。不在正常、适当或规定的时间内。⑥鄙事：指鄙俗琐细之事。

【译文】学业有余力，学艺以怡情。

弹琴、射箭、投壶各有礼法规矩，不是特定时间不要玩弄。下棋为鄙俗之事，不应亲近学习。

使人庄①以恕，而必专所听。

择谨愿②勤力③者，庄以临④之，恕以待之，有小过者诃之。甚则白于师长惩之。不悛⑤，众禀师长遣⑥之。不许直行⑦己意，苟日从事于斯，而不敢忽，则入德⑧之方，庶乎⑨其近之矣。

【注释】①庄：谨严持重。《论语·为政》：临之以庄，则敬。②谨愿：诚实。《论语·泰伯》"侗而不愿"何晏集解引汉孔安国曰："侗，未成器之人也。宜谨愿也。"③勤力：勤劳；劳费体力。④临：面对（上对下，尊对卑）。⑤悛（quān）：悔改；改变。《广雅·释诂三》：悛，更也。⑥遣：贬谪；放逐。⑦直行：径直，直接。⑧入德：进入圣人品德修养的境域。《礼记·中庸》："君子之道，淡而不厌，简而文，温而理，知远之近，知风之自，知微之显，可与入德矣。"郑玄注："入德，入圣人之德。"⑨庶乎：犹言庶几乎。近似，差不多。

【译文】使人谨严持并心存恕道，就一定要让他接受到专一、精良的教育。

选择诚实肯干的人，以谨严面对他，以恕道对待他，有小过错诃责他，有过分的错误则告诉师长惩罚他。如不知悔改，大家禀告师长遣返他，不许径直按自己的意思做。如能每日这样做，而不敢轻视的话，则就差不多很接近圣人之德的方法了。

道不远人，理不外事。故古人之教者，自其能食能言①，而所以训导整齐之者，莫不有法，而况家塾②党庠③术序④之间乎。彼学者所以入孝出悌⑤，行谨言信⑥，群居⑦终日，德进业修，而暴慢⑧放肆之气，不设⑨于身体⑩者，由此故也。番阳⑪程端蒙⑫与其友生⑬董铢⑭，共为此书，将以教其乡人子弟，而作新⑮之，盖⑯有古人小学之遗意⑰矣。余以为凡为庠序⑱之师者，能以是而率其徒，则所谓⑲成人⑳有德，小子㉑有造㉒

者，将复见于今日矣。于以^㉓助成^㉔后王^㉕降德^㉖之意，岂不美哉。

淳熙^㉗十四年丁未十一月甲子新安朱熹书

【注释】①能食能言：指能够吃饭说话。②家塾：私塾种类的一种，指塾师在自己家里或借用祠堂庙宇开馆设学，学生交纳一定"束修"入学就读的，称"家塾"，也称"门馆"。《礼记·学记》："古之教者，家有塾，党有庠，术有序，国有学。"相传周代以二十五家一闾，闾有巷，巷首门边设家塾，用以教授居民子弟。后指聘请教师来家教授自己子弟的私塾。有的兼收亲友子弟。③党庠：指古代乡学。语出《礼记·学记》："古之教者，家有塾，党有庠。"④术序：古代地方行政单位。序，古代地方的学校。《说文》："庠，礼官养老，夏曰校，殷曰庠，周曰序。"⑤入孝出悌：语出《论语·学而》："子曰：'弟子入则孝，出则悌。'"谓回家要孝顺父母，出外要敬爱兄长。⑥言信：说到必做到的信用。⑦群居：众人共处。《论语·卫灵公》："群居终日，言不及义，好行小慧，难矣哉！"⑧暴慢：凶暴傲慢。⑨设：施行，实现。⑩身体：谓亲身履行。⑪番阳：湖名，鄱阳湖。在江西省北部。⑫程端蒙：字正思，德兴人。朱子门人。著有《性理字训》、《毓蒙明训》、《学则》等书。既卒，朱子为墓表，又称其弟端临、端本、子实之，亦知为学云。⑬友生：朋友。《诗·小雅·常棣》："虽有兄弟，不如友生。"⑭董铢：字叔仲，防虎乡（今合肥市肥西县）人，南宋进士，官金华尉，为著名学者朱熹学生。著有《性理注解》、《易书注》。1177年（淳熙四年）曾督修《董氏宗谱》，朱熹亲撰《董铢督修宗谱序》。⑮作新：本意谓教导殷民，服从周的统治。后因以"作新"比喻教化百姓，移风易俗。《书·康诰》："汝惟小子，乃服惟弘王，应保殷民。亦惟助王，宅天命，作新民。"⑯盖：表示推测，相当于"大约"、"大概"。⑰遗意：前人或古代事物留下的意味、旨趣。⑱庠序：古代的地方学校。后亦泛称学校。《孟子·梁惠王上》："谨庠序之教，申之以孝弟之义。"⑲所谓：所说的，用于复说、引证等。⑳成人：成年。《仪礼·丧服》："未嫁者，其成人而未嫁者也。"郑玄注："成人，谓年二十已筭醴者也。"㉑小子：学生；晚辈。㉒造：学业等达到的程度或境界。《孟子·离娄下》："君子深造有道。"㉓于以：犹是以。㉔助成：谓帮助别人取得成功。《书·酒诰》："惟助成王德显，越尹人祇辟。"孔颖达疏："惟以助其君，成其王道，令德显明。"㉕后王：继承前辈王位的君主。《书·召诰》："越厥后王后民，兹服厥命。"孔颖达疏："谓继世之君及其时之人，皆服行其君之命。"㉖降德：赐予恩惠。㉗淳熙（1174年—1189年）：南宋皇帝宋孝宗的第三个和最后一个年号，共计16年。淳熙十六年二月宋光宗即位沿用。

【译文】道不远于人，理不外于事。所以古代的教育，都是从一个人刚刚会吃饭和会说话的时候就开始了。之所以都能通过教导而使人心端正，是因为他们各都有法，何况是私塾学校之间呢。那些学生之所以能做到遵守孝道和悌道，行为恭谨言语信实，终日共处，德行增长、学业进步，而傲慢放纵的习气，不再表现在行为上，都是这个缘故啊。番阳人程端蒙与其友生董铢，共同著作此书，用以教导他们家乡人的子弟，而使他们改变习性，算是保持了古人"小学"的遗韵吧。我认为凡是做地方学校老师的，能这样来教导他们的弟子，则《诗经》所谓"成人有德，小子有造"的景象，将再现于今天了。以此辅助后世明王达成以德化民的意愿，岂不是很好吗？

淳熙十四年丁未十一月甲子新安朱熹书

陈北溪《小学诗礼》

（先生名淳，字安卿，宋龙溪人，朱子弟子，崇祀庙庭）

宏谋按：《小学之概》已于前二书见之。北溪陈氏，复辑《曲礼》《少仪》《内则》诸书，择其要且切者集为五言^①次以韵语^②，俾^③童子时时讽诵^④而服习^⑤焉，题之曰《小学诗礼》。盖歌咏所以养性情，而步趋^⑥因以谨仪节^⑦。过庭^⑧之训，殆^⑨于兼之。

【注释】①五言：五个字的句子。②韵语：指合韵律的文词。特指诗词。③俾（bǐ）：使，把。④讽诵：朗读；诵读。⑤服习：熟悉。《左传·僖公十五年》："古者大事，必乘其产，生其水土，而知其人心，安其教训，而服习其道。"⑥步趋：追随，效法。⑦仪节：礼法；礼节。汉刘向《列女传·楚成郑瞀》："妾闻妇人以端正和颜为容，今者大王在臺上而妾顾，则是失仪节也。"⑧过庭：指承受父训或径指父训。⑨殆：表推测，相当于"大概"、"几乎"。

【译文】《小学之概》已见于前二书。北溪的陈氏，又编辑《曲礼》、《少仪》、《内则》等书，选择其中重点和切要的汇集为五字之句，再加上韵脚，使童子常常朗诵而熟悉，书名曰《小学诗礼》。大概歌咏可以怡养性情，而效法学习因此可以谨守礼法，而过庭之训也可以兼用。

事亲

其一

凡子事父母，鸡鸣咸盥漱①，栉②总③冠④绅⑤履，以适⑥父母所。

【注释】①盥漱：洗漱。②栉（zhì）：梳头。③总：束系，束头发。④冠：把帽子戴在头上。⑤绅：束上带子，佩大带。⑥适：《尔雅》：适，往也。《书·盘庚》：民不适攸居。

【译文】做子女的侍奉父母，鸡叫就要起床洗漱，梳头束发戴帽穿衣穿鞋，然后才能去父母的住处。

其二

及所声气①怡，燠寒问其衣。疾痛②敬抑搔③，出入敬扶持。

【注释】①声气：说话的声音和语气。②疾痛：疾病痛苦。③抑搔：按摩抓搔。《礼记·内则》："疾痛苛痒，而敬抑搔之。"

【译文】到父母住所要和颜悦色，知道问寒问暖。父母身上有痛痒，就帮他们按摩抓搔，父母出入门要扶持在旁。

其三

将坐请何向①，长席少执床②，悬衾③箧④枕簟⑤，洒扫室及堂。

【注释】①何向：犹言如何，怎样。②床：《说文》：安身之坐也。从木，片声。古闲居坐于牀，隐于几，不垂足，夜则寝，晨兴则敛枕簟。③衾（qīn）：被子。《说文》：衾，大被。段注："寝衣为小被（夹被），则衾是大被（棉被）。"④箧（qiè）：小箱子，藏物之具。大曰箱，小曰箧。⑤枕簟：枕席。泛指卧具。

【译文】父母将坐的时候如何呢？长子拿席，幼子拿床给父母坐。被子晾晒起来，枕头装到箱子里，然后扫洒房屋和院子。

其四
长者必奉水，少者必奉①槃②。进盟③请沃盥④，盥卒授以巾。

【注释】①奉：两手恭敬地捧着。后作"捧"。②槃（pán）：承盘，亦特指承水盘。③进盟：古代祭祀时酌酒灌地。④沃盥：浇水洗手。
【译文】长子恭敬地捧水给父母，幼子要捧着托盘。酌酒灌地祭祀前要给父母打水洗手，洗完手要递上毛巾。

其五
问所欲而进，甘①饴②滑③以瀡④。柔色⑤以温之，必尝而后退。

【注释】①甘：美味的食品。②饴：饴糖，用麦芽制成的糖。③滑：古时指使菜肴柔滑的作料。亦指使菜肴柔。④瀡（suǐ）：滫（xiǔ），淘米水。⑤柔色：谓和颜悦色。《礼记·内则》："问所欲而敬进之，柔色以温之。"孔颖达疏："言子事父母，当和柔其颜色也。"
【译文】一日三餐前要问父母想吃什么，然后用淘米水清洗，做出甘美、柔滑的食物。然后要和颜悦色，使父母开心，再把食物呈给父母，待其品尝后再退出。

其六
养则致其乐，居则致其敬。昏定①而晨省②，冬温而夏清③。

【注释】①昏定：晚间服侍父母就寝。古时侍奉父母的日常礼节。《礼记·曲礼上》："凡为人子之礼，冬温而夏凊，昏定而晨省。"郑玄注："省，问其安否何如。"②晨省：早晨向父母问安。③夏凊（xià qìng）：谓侍奉父母，夏天使之凉爽。

【译文】奉养父母能让他们快乐，与父母共同生活能做到恭敬。晚间服侍就寝、早晨起来问安，冬天要留意父母亲穿的是否温暖，居处是否暖和。夏天，要考虑父母是否感到凉爽。

其七

三日则具沐①，五日则请浴②。燂潘请靧面，燂汤请濯足。

【注释】①沐：洗头发。《说文》：沐，濯发也。②浴：洗澡。《说文》：浴，洒身也。

【译文】冬季隔三天就为父母准备洗头发，隔五日就请他们洗澡。用热米汁请他们洗脸，用热水请他们洗脚。

其八

其有不安节，行不能正履。饮酒不变貌①，食肉不变味②。

【注释】①变貌：谓使脸色改变常态。②变味：谓因食某一食品过多而腻味。《礼记·曲礼上》："父母有疾……食肉不至变味，饮酒不至变貌。"郑玄注："忧不在味。"孔颖达疏："犹许食肉，但不许多耳。变味者，少食则味不变，多食则口味变也。"

【译文】父母身体有了不适，行走不便时要抉持；给父母饮酒要适量，以面色不红为度，肉食要新鲜，变了味就不要给父母吃。

其九
立不敢中门①，行不敢中道②，坐不敢中席③，居不敢主奥。

【注释】①中门：门的当中。《礼记·曲礼上》："行不中道，立不中门。"郑玄注："中门谓枨闑之中央也。"孔颖达疏："男女各路，路各有中也。"②中道：道路的中央；路上。③中席：指尊者的席位。《礼记·曲礼上》："为人子者，居不主奥，坐不中席。"孔颖达疏："共坐则席端为上，独坐则席中为尊。尊者宜独，不与人共，则坐常居中，故卑者坐不得居中也。"

【译文】站立时不敢站在门中央，走路不敢走在路中间。坐不敢坐在尊贵的席位，住不敢住在尊贵的位置。

其十
父召唯①无诺，父呼走②不趋③（叶雌由切）。食在口则吐，手执业则投。

【注释】①唯：急声回答声。②走：跑。③趋：快步走。《说文》：趋，走也。按，疾行曰趋，疾趋曰走。

【译文】父母召唤时要马上答应不要迟疑，父母呼叫时要疾走而至。哪怕正在吃饭也要停下，正在工作也得放下。

其十一
父立则视足，父坐则视膝。应对①言视面，立视前三尺。

【注释】①应对：酬对；对答。

【译文】父亲站立时应看着他的足部，父亲坐时应看着他的膝盖。与父亲应答时要看着他的脸，站着时看着自己面前三尺的地方。

其十二

父母或有过，柔声①以谏之。三谏而不听，则号泣②而随。

【注释】①柔声：柔和婉悦之声。《礼记·内则》："父母有过，下气怡色，柔声以谏。"②号泣：嚎啕大哭。

【译文】父母有过失时，用柔和婉悦之声劝谏。多次劝谏而不听，就嚎啕大哭加以劝谏。

其十三

父在不远游，所游必有常。出不敢易方，复不敢过时。

【译文】父亲在时不到远方游历，游历也应有规律。出门不敢随意改变方向，返家也不敢超过允诺的时间。

其十四

舟焉而不游，道焉而不径①。身者父母体，行之敢不敬。

【注释】①径：步行小路。《说文》：径，步道也。

【译文】能坐船就不游泳，有大路就不走小路（以防遭遇意外伤害）。自己的身子也是父母身体的一部分，行为举止怎么敢对它不恭敬？

事长

其一

君子容舒迟①，见尊者齐遬②。足重而手恭，声静而气肃。

【注释】①舒迟：犹舒徐。从容不迫貌。《礼记·玉藻》："君子之容舒迟。"孔颖达疏："舒迟，闲雅也。"②齐遬（qí sù）：疾速。齐，通"齋"。

【译文】君子表情从容淡定，见到长者则殷勤承事；足步稳重、执礼恭敬，声音沉静、语气庄重。

其二

始见于君子，辞曰愿闻名。童子曰听事①，不敢与并行。

【注释】①听事：谓听命行事。《礼记·少仪》："适有丧者曰比、童子曰听事。"孔颖达疏："童子未成年，虽往适它丧，不敢以成人为比方，但来听主人以事见使。"

【译文】第一次见到君子，应说"请教大名。"如果是童子见君子，就说听命行事，不敢与君子并行。

其三

尊年不敢问，长赐不敢辞。燕见①不将命②，道不请所之。

【注释】①燕见：泛指公馀会见。②将命：传命。

【译文】不要问尊长的年纪，长者赠予的东西不要拒绝。宴饮会见不传宾主之言，路上不询问长者向何处走。

其四

年倍事①以父，年长事以兄。父之齿随行，兄之齿雁行②。

【注释】①事：侍奉。②雁行：《礼记·王制》："父之齿随行，兄之齿雁行，朋友不相逾。"陈澔集说："父之齿，兄之齿，谓其人年与父等，或与兄等也。随行，随其后也；雁行，并行而稍后也。"后因以比喻兄弟。

【译文】年纪长自己一倍的以父亲之礼侍奉，年纪大于自己的以兄长之礼侍奉。对于年纪与父相仿的长者，随其后而走，与兄长相仿的并行而稍后。

其五

见父之执①者，不问不敢对。不谓②进不进，不谓退不退。

【注释】①执：至交，好友。②谓：《说文》：谓，报也。

【译文】见到父亲的好友，没有问话就不要对面站立。不喊进就不进，不说退就不退。

其六

侍坐于长者，必安执而颜。有问让而对，不及毋谗言①。

【注释】①谗言：谓别人说话未完便插话，打乱别人的话题。《礼记·曲礼上》："长者不及，毋儳言。"孔颖达疏："长者正论甲事，未及乙事，少者不得辄以乙事杂甲事，暂然杂错师长之说。"

【译文】陪侍长者坐时，一定要端坐安详。有发问就谦让地答对，长者没说完不要插嘴。

其七

君子问更端①，则必起而对。欠伸②撰（持也）杖屦，侍坐可请退。

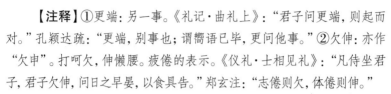

【注释】①更端：另一事。《礼记·曲礼上》："君子问更端，则起而对。"孔颖达疏："更端，别事也；谓嚮语已毕，更问他事。"②欠伸：亦作"欠申"。打呵欠，伸懒腰。疲倦的表示。《仪礼·士相见礼》："凡侍坐君子，君子欠伸，问日之早晏，以食具告。"郑玄注："志倦则欠，体倦则伸。"

【译文】君子询问另一件事时，一定要起立答对。见长者有了倦意，便为其拿着手杖，穿好鞋子，侍奉其坐好休息后便可请示离开。

其八

侍饮于长者，酒进则拜受。未釂（音醮饮尽爵也）不敢饮，未辩（音遍义同）不虚口①。

【注释】①虚口：用酒漱口。

【译文】陪侍长者饮酒时，长者进酒就要接受。长者未饮完时不敢饮，没有全部喝完时不得漱口。

其九

侍燕①于君子，先饭而后已。小饭②而亟③之，毋啮④骨刺齿⑤。

【注释】①侍燕：即"侍宴"。宴享时陪从或侍候于旁。②小饭：小口吃饭。《礼记·少仪》："小饭而亟之。"孔颖达疏："小饭，谓小口而饭。"③亟（jí）：《广雅》：亟，急也。④啮：啃、咬。⑤刺齿：剔剔牙齿。《礼记·曲礼上》："毋絮羹，毋刺齿，毋歠醢。"陈澔集说："口容止，不宜以物刺於齿也。"

【译文】陪侍尊长宴饮，要待客人先吃。要小口快速吃饭，不要啃骨头，不要剔牙齿。

其十

从长上丘陵①，必向长所视。群居有五人，长者席必异②。

【注释】①丘陵：连绵起伏的小山坡地。②异：不同。

【译文】跟随尊长上山出游，必须随长之视方而视（以免其问之而卒不能答也）。有五人以上在一起，其中年岁大的座位必须与其他人的有所区别。

男女

其一

男正位①乎外，女正位乎内。男女无相渎②，天地之大义。

【注释】①正位：谓主其位。《易·家人》："女正位乎内，男正位乎外。"②渎：轻慢；不敬。

【译文】男主位于外，女主位于内。男女不相轻慢，是天地的大义。

其二

男十岁出外，就傅①学书记②。学乐学射御，学礼学孝弟。

【注释】①就傅：从师。语出《礼记·由则》："十年，出就外傅，居宿於外，学书记。"郑玄注："外傅，教学之师也。"②书记：书写；记载。

【译文】男孩十岁后外出求学，从师学习书写，学习音乐射礼和骑马，学习礼节和孝悌之道。

其三

女十年不出，姆教^①婉娩^②从。执麻治丝茧，观祭纳酒浆。

【注释】①姆教：女师的教诲。王闿运《女箴》："古之姆教久格不行。"②婉娩：柔顺貌。《礼记·内则》："女子十年不出，姆教婉娩听从。"郑玄注："婉谓言语也，娩之言媚也，媚谓容貌也。"

【译文】女孩十岁后不出外，在家从女师学习柔顺，学习用麻做成丝，学习祭祀和酿酒。

其四

女子不出门，出门必拥蔽。夜行必以烛，无烛则必止。

【注释】①拥蔽：遮掩。《礼记·内则》："女子出门，必拥蔽其面。"

【译文】女子不轻易出门，出门一定要遮蔽面容。夜里走路一定要有蜡烛，没有的话就不走动。

其五

男女不杂坐，嫂叔不通问^①。内言^②不出阃^③，外言^④不入阃。

【注释】①通问：互相问候。②内言：妇女在闺房所说的话。《礼记·曲礼上》："外言不入於梱，内言不出於梱。"③阃：妇女居住的地方，闺门，指妇女的居处。④外言：男子所说有关公务之言。《礼记·曲礼上》："外言不入於梱，内言不出於梱。"郑玄注："外言、内言，男女之职也。不出入者，不以相问也。"

【译文】男女不夹杂而坐，叔嫂间不互相问候。闺房里的话不要出闺房，男人的公务之事也不要进入闺房。

其六

男不言内事①，女不言外事②。非祭不交爵③，非丧不受器。

【注释】①内事：指家内的事。②外事：世事；家庭或个人以外的事。③交爵：相互敬酒。《礼记·坊记》："礼，非祭，男女不交爵。"郑玄注："交爵，谓相献酢。"

【译文】男人不谈家内的事，女子不谈家庭以外的事。不是祭祀时男女不互相敬酒，不是办丧事时不吃一个盛器里的饭。

其七

姑姊妹女子，已嫁而反室。弗与同席坐，弗与同器食。

【译文】表姐妹等女子，已经出嫁的回娘家，不能与她们同席而坐，不能吃一个盛器里的饭。

其八

取妻不同姓，寡子弗与友。主人若不在，不入其门户。

【译文】娶妻不能娶同姓的，不能与鳏夫寡妇交友。主人不在家时，就不能到人家里去。

其九

妇人伏于人①，无所敢自遂。令不出闺门，惟酒食是议。

【注释】①伏于人：《白虎通》说："妇人，伏于人也。"

【译文】女子要伏居在家里，不能够随便出门。除了吃饭的时候，其余时间不要轻易走出闺门。

其十
迎客不出门，送客不下堂，见卑不逾阈^①，吊丧不出疆。

陈北溪《小学诗礼》

【注释】①逾阈：跨过门限，出家室。

【译文】迎客不迎出门，送客不送到堂下，见卑下者不出家室，吊丧不出庭院。

其十一
妇人不二斩^①（斩衰为夫服也），烈女不二夫。一与之齐者，终身不改乎。

【注释】①斩：斩衰。亦作"斩縗"。旧时五种丧服中最重的一种。用粗麻布制成，左右和下边不缝。服制三年。子及未嫁女为父母，媳为公婆，承重孙为祖父母，妻妾为夫，均服斩衰。先秦诸侯为天子、臣为君亦服斩衰。《周礼·春官·司服》："凡丧，为天王斩衰，为王后齐衰。"

【译文】妇女不（为夫）穿两次丧服，贞烈之女不再嫁。一旦缔结姻缘，终身不再改变。

杂仪

其一
喜怒必中节^①，周旋^②必中礼^③。淫恶^④不接心，惰慢不设体。

51

【注释】①中节：合乎礼义法度。《礼记·中庸》："喜怒哀乐之未发谓之中，发而皆中节谓之和。"②周旋：引申为交往；交际应酬。③中礼：合乎礼仪。《礼记·射义》："射者，进退周还必中礼。"④淫恶：荒淫邪恶。

【译文】喜怒哀乐一定要合乎法度，待人接物一定要合乎礼仪。淫荡邪恶不接近心，懒惰轻慢不现于形体。

其二

目不视恶色①，耳不听恶声②。非法不敢道，非德不敢行。

【注释】①恶色：邪恶的事物。②恶声：邪恶的声音。

【译文】眼不看邪恶的东西，耳不听邪恶的声音。不合礼法的不敢说，不合德的不敢做。

其三

执虚如执盈，入虚如有人。使民①如承祭，出门如见宾。

【注释】①使民：使用民力。《论语·学而》："子曰：'道千乘之国，敬事而信，节用而爱人，使民以时。'"

【译文】拿着空的用具，就像拿着盛满东西的用具一样小心；走进空房间，也要像主人在家那样谨慎，不要乱走乱动。使用民力像祭祀一样尊重，平时出门也像要去会见宾客一样庄重。

其四

并坐不横肱，共饭不泽手。揖人必违①位，尊前不叱狗。

【注释】①违：背对。

【译文】并排坐时不横着腿，共同吃饭时不挑拣食物。对人作揖一定要背对自己的座位，尊长面前不呵斥狗。

其五
入国^①不敢驰，入里^②必致式^③。入户必奉扃^④，入门不践阈。

【注释】①国：国都，一国最高政权机关所在地。又称国城，国邑。②里：里弄；街巷。《说文》：里，居也。《尔雅》：里，邑也。李注："居之邑也。"③式：通"轼"。以手抚轼，为古人表示尊敬的礼节。④扃（jiōng）：从外面关门的闩、钩等。
【译文】进入国都不要奔驰，进入里巷要以手抚轼，进入家门要手扶着门扃，进门时不踩踏门槛。

其六
入境必问禁^①，入国必问俗。入门必问讳^②，与人不问欲。

【注释】①禁：禁忌。《说文》：禁，吉凶之忌也。②讳：避忌。《说文》：讳，誋也。《广雅·释诂三》：讳，避也。
【译文】进入别国国境要问禁忌，进入别国国都要问风俗。进入别人家要问忌讳，赠予别人东西不问其所欲。

其七
临丧则不笑，临祭则不惰。当食则不欢，让食则不唾。

【译文】遇到丧事时不笑，碰到祭祀时不懒惰（礼节应照作）。进食时不要欢闹，让食则不要垂涎。

其八

君子正衣冠，俨然①尊瞻视②。即之容也温，听之言也厉。

【注释】①俨然：严肃庄重的样子。《论语·尧曰》："君子正其衣冠，尊其瞻视，俨然人望而畏之。"②瞻视：观瞻。指外观。

【译文】君子衣冠端正，整肃自己的仪容。靠近时觉得其音容温和，听其讲话则言语中自有威严。

真西山《教子斋规》

(公名德秀, 字希元, 宋浦城人。参知政事, 谥文忠, 崇祀庙庭)

宏谋按：养正^①之方，最小时为尤要。古人重胎教^②，自妇人妊子之时，谨寝食，肃视听^③，夜则令瞽^④诵诗，道正事^⑤。凡以慎所感，谓感于善则善，为生子计也。今人纵不能尽然，乃至既生之后，曲意^⑥抚摩^⑦。积四五岁，仍然姑息，恣其所为，应诃反笑。逮^⑧于既长，养成娇惰^⑨，虽欲禁防^⑩不可得已。西山先生《教子斋规》，乃是于最少小时，撮其大纲，分为八则。简而要，切而该^⑪，尤父兄所宜敬书座右，时加训饬^⑫者。

【注释】①养正：涵养正道。《易·蒙》："蒙以养正，圣功也。"孔颖达疏："能以蒙昧隐默自养正道，乃成至圣之功。"②胎教：孕妇谨言慎行，心情舒畅，给胎儿以良好影响，谓之"胎教"。《大戴礼记·保傅》："胎教之道，书之玉板，藏之金匮，置之宗庙，以为后世戒。"③视听：看和听。④瞽：古代乐师。古代以目盲者为乐官，故为乐官的代称。⑤正事：合乎正道之事；正经事。⑥曲意：尽情；尽意。⑦抚摩：抚爱，照料。⑧逮(dài)：赶上；及；到。《说文》：逮，唐逮及也。按，逮者，行相及也。古曰唐逮。⑨娇惰：谓娇气懒散。⑩禁防：谓禁止防范。⑪该：《说文》："该，军中约也。"引申为"完备"。引申义：完备，包括一切。通"赅"。⑫训饬：教训戒勉。

【译文】宏谋按：涵养正道的方法，幼时最为重要。古人重视胎教，从妇女怀孕时，就谨慎对待饮食起居，端正视听，夜晚则让乐师朗诵诗歌，说正道之事。凡事都小心谨慎，注重自己的内心所感，感于善则有善的结果。这都是为了生孩子打算。今天的人既不能全做到这些，乃至到了生产之后，尽情溺爱小孩。一直到四五岁，仍然加以纵容，放纵他的行为，应该呵斥的地方，反而给予笑脸。等到长大，养成懒惰骄慢的性格，即使想禁止防范已经不可能了。西山先生的《教子斋规》，乃是针对幼儿时期教育的，汇集了养正的纲要，分为八则，简单而扼要，切要而完备，尤其适合做父兄的敬书作为座右铭，时时加以教训诫勉。

一曰学礼

凡为人要识道理，识礼数①。在家庭事②父母，入书院事先生，并要恭敬顺从，遵依教诲。与之言则应，教之事则行，毋得怠慢，自任③己意。

【注释】①礼数：犹礼节。②事：侍奉；供奉。③自任：自信，自用。

【译文】但凡做人都要懂道理，懂礼节，在家侍奉父母，入学侍奉先生，都要恭敬顺从，遵从教诲。他们的话要应答，他们教做的事要去做，不得怠慢，任由自己的性情。

二曰学坐

定身端坐，齐脚敛手。毋得伏桌靠背，偃仰倾侧。

【译文】坐时要稳住上身端正身子，两脚并拢、两手收敛。不得伏框倚靠、俯仰侧伏。

三曰学行

笼袖^①徐行，毋得掉臂^②跳足。

【注释】①笼袖：把两手相对伸入两袖中。②掉臂：自在行游貌。

【译文】行走时要笼袖慢走，不得甩臂跳跃。

四曰学立

拱手^①正身^②，毋得跛倚^③欹斜^④。

【注释】①拱手：两手相合以示敬意。《礼记·曲礼上》："遭先生於道，趋而进，正立拱手。"②正身：犹直身。③跛倚（bǒ yǐ）：站立歪斜不正，倚靠于物。指不端庄的样子。《礼记·礼器》："有司跛倚以临祭，其为不敬大矣。"郑玄注："偏任为跛，依物为倚。"孔颖达疏："以其事久，有司倦怠，故皆偏跛邪倚於物。"④欹斜：歪斜不正。

【译文】站立时要两手相合身体正直，不得歪斜不正。

五曰学言

朴实^①语事，毋得妄诞^②。低细出击，毋得叫唤。

【注释】①朴实：淳朴诚实；质朴笃实。②妄诞：虚妄不实。

【译文】说话要淳朴诚实，不得虚妄不实。出声要低声细气，不得叫嚷。

六曰学揖

低头①屈腰,出声②收手,毋得轻率慢易③。

【注释】①低头:卑顺貌;屈服貌。②出声:说话;发出声音。③慢易:怠忽;轻慢。

【译文】对人作揖行礼时要垂首弯腰,说话和收手时,动作不得轻慢草率。

七曰学诵

专心看字,断句①慢读,须要字字分明。毋得目视东西,手弄他物。

【注释】①断句:古书无标点符号,诵读时根据文义作停顿,或同时在书上按停顿加圈点,叫做断句。这种"句"往往比现在语法所讲的"句"短。

【译文】学习读诵时要专心看字,断开句读慢慢阅读,一定要字字分明。不得眼睛看着这个东西,手里玩着别的东西。

八曰学书

臻(聚也)志把笔,字要齐整①圆净,毋得轻易②糊涂③。

【注释】①齐整：端正；漂亮。②轻易：轻佻浮躁。③糊涂：模糊。

【译文】写字时凝神聚气握笔，字要写得端正饱满干净，不得轻佻模糊。

方正学《幼仪杂箴》

(公名孝孺，字希直，明浙江宁海人。官翰林学士，靖难死节)

道之于事，无乎不在。古之人自少至长，于其所在，皆致谨焉而不敢忽。故行跪、揖拜、饮食、言动、有其则；喜、怒、好、恶、忧、乐、取予有其度。或铭于盘盂①，或书于绅笏②，所以养其心志③，约其形体④者，至详密⑤矣。其进于道也，岂不易哉。后世教无其法，学失其本。学者汩于名势⑥之慕，利禄之诱，内无所养，外无所约，而人之成德者难矣，予病乎此也。盖久欲自其近而易行者，学焉而未能。因列所当勉之目为箴⑦，揭⑧于左右，以攻⑨已阙⑩。由乎近而至乎远，盖始诸此，非谓足以尽乎自修之事也。方孝孺⑪序。

【注释】①盘盂：亦作"盘杅"。圆盘与方盂的并称，用于盛物，古代亦于其上刻文纪功或自励。②绅笏：大带与笏板。古仕宦者所服用。③心志：心性，性情。④形体：身体。⑤详密：详细周密。⑥名势：名声与权势。⑦箴：古代一种文体，以告诫规劝为主。⑧揭：披露；发表；公布。⑨攻：引申为以药物治疗疾病。⑩阙：缺点；错误。⑪方孝孺（1357—1402年）：浙江宁海人，明代大臣、著名学者、文学家、散文家、思想家，字希直，一字希古，号逊志，曾以"逊志"名其书斋，蜀献王替他改为"正学"，因此世称"正学先生"。福王时追谥文正。在"靖难之役"期间，拒绝为篡位的燕王朱棣草拟即位诏书，刚直不屈，孤忠赴难，被诛十族。

【译文】道对于事物，是无处不在的。古代的人从年少到年长，于自己所在之处，都尽力做到谨慎而不敢疏忽。所以在行走跪拜、作揖拜谢、饮酒进食、言语行为都有其规矩；喜、怒、好、恶、忧、乐、取舍有其法度。有的铭刻在圆盘与方盂上，有的书写在绅笏上，是用来涵养他们的心性的，约束他们的言行的，极尽周详缜密了。这样进入道的次第，那不就容易了吗？后世的人教育不得法，学习失去了根本。求学的人沉迷在对名利权势的追慕、利益俸禄的诱惑上，内无所涵养，外无所约束，而能成就德行的就难了。我正因为担忧这一点，所以很久以来就想从其中浅近而易行，但却为一般学人所疏忽，以致学习而未能成就的地方，因此列举所应当勉力行持的几个方面作为箴言，向身边的学子公布，用来纠正自己的缺陷。由近及远，这只是一个开始，并不是说做到这些就算尽到自己修身的大事了。方孝孺序。

宏谋按：为学之有箴，义取乎刺病。凡以触目①警心②也。触吾目者，陈义③不必高。警吾心者，为失不在大。《书》曰："不矜细行，终累大德。"成人④犹将慎之，况小子⑤乎？正学先生书此自警，而题之曰《幼仪杂箴》。自日用⑥之节，以及念虑⑦之微，辨理欲⑧消长⑨之萌，推吉凶荣辱之应，何其言之慄⑩慄也。维予小子，不聪敬止⑪，尚其以是为苦口药石哉。

【注释】①触目：目光所及。②警心：戒慎；警惕。③陈义：陈说的道理。④成人：成年。《仪礼·丧服》："未嫁者，其成人而未嫁者也。"郑玄注："成人，谓年二十已笄醴者也。"⑤小子：学生；晚辈。⑥日用：日常；平时。⑦念虑：思虑。⑧理欲："天理人欲"的省称。语出《礼记·乐记》："人化物也者，灭天理而穷人欲者也。"按，后宋代理学家把"天理"解释为封建的伦理纲常，"人欲"解释为人的生活欲望，并认为二者不容并立。《宋史·陈宓传》："宓天性刚毅，信道尤笃，尝为《朱墨铭》，谓朱属阳，墨属

阴，以验理欲分寸之多寡。"⑨消长：增减；盛衰。⑩慄：同"栗"。发抖，
因害怕或寒冷肢体颤动。⑪敬止：敬止。止，语气词。《诗·大雅·文王》：
"穆穆文王，於缉熙敬止。"朱熹集传："止，语辞……言穆穆然文王之德，
不已其敬如此，是以天命集焉。"

【译文】陈宏谋按语：修学之所以要有箴言，其深刻含义在于要
刺中为学之人的要害。凡是用来使人触目惊心的箴言，能使人触目的，
阐释的义理不必高深；能使人警心的，不必是大的过失。《尚书》中有
言："不谨慎小的行为，最终牵累大德的养成。"成年人尚且戒慎，何
况是小孩子呢？正学（方孝孺）先生书写这些训诫自我警策，而题书名
曰《幼仪杂箴》，从日常行为的礼节，以至于念头思虑的细微处；从辨识
天理人欲变化的萌芽，到推断吉凶荣辱的报应，他的言论多么令人战栗
啊。我辈后学愚顽，只有无限敬仰，尊重他以这些言论为苦口良药。

坐

维坐容，背欲直，貌端庄，手拱臆①。仰为骄，俯为戚。毋箕以
踞，攲以侧。坚静若山乃恒德②。

【注释】①臆：胸部。②恒德：语本《易·恒》："恒其德，贞，妇人吉，
夫子凶。"后用以指恒久不变的德行。

【译文】坐姿的要求是，背要直，神态要端庄，手要相合在胸前。
头过仰显得骄慢，头过低显得哀戚。不要张腿盘踞而坐，不要歪斜倚
靠。坐姿像山一样坚定、安静，才是真正有德行的表现。

立

足之比①也如植，手之恭也如翼。其中也敬，而外也直。不为物
迁，进退可式②。将有立乎圣贤③之域。

【注释】①比：并列；并排。②式：规范、规矩。③圣贤：圣人和贤人的合称。亦泛称道德才智杰出者。《易·鼎》："象曰：圣人亨以享上帝，而大亨以养圣贤。"

【译文】两足相并整齐如树，两手相合拱于胸前如翼；内心恭敬，外表端直；不为外物干扰，进退都值得大众效法。这样就可以立足于圣贤的境地了。

行

步履①欲重，容止②欲③舒。周旋迟速④，与仁义俱⑤。行不畔⑥乎仁义，是为恒途。

【注释】①步履：行走。②容止：仪容举止。有时偏指举止。③欲：爱好；喜爱。《增韵》：欲，爱也。④迟速：慢和快；缓慢或迅速。⑤俱：等同。⑥畔（pàn）：通"叛"。违背；背离。

【译文】步伐要稳重，仪容举止要舒缓。待人接物中所体现出的亲疏缓急，处处不离开仁义。行为不背离仁义，这才是做人的正道。

寝

形倦于昼，夜以息之。宁心定气，勿妄有思。偃勿如伏，仰勿如尸。安养①厥②德，万化③之基。

【注释】①安养：犹长养，滋养。②厥（jué）：其；他的；她的。③万化：万事万物；大自然。

【译文】身体在白天疲倦了，夜晚来使它休息。安宁心绪稳定气息，不要虚妄起思虑。侧卧不能像趴着一样，仰卧不能像尸体一样。安护长养自己的德行，是应对人生万物变化的根本。

揖

张拱①而前，肃以纾②敬。上手③宜徐，视瞻④必定。勿游以傲，勿佻⑤以轻。远耻辱于人⑥，动必以正。

【注释】①张拱：张臂拱手以为礼。②纾：缓和，延缓。③上手：举起手。④视瞻：观看瞻望。《礼记·曲礼上》："将入户，视必下，入户奉扃，视瞻毋回。"⑤佻：轻薄，言语举止随便，不庄重。⑥远耻辱于人：有子曰："信近于义，言可复也。恭近于礼，远耻辱也。因不失其亲，亦可宗也。"

【译文】张臂拱手向前，庄重而和缓为敬；举手应该徐缓，目光必须安定；不要游移而显得傲慢，不要随意而显得轻佻；不要违礼而被羞辱，一举一动都要身心端正。

拜

古拜有九，今存其一。数之多寡，尊卑以秩①。宜多而寡，倨②以取祸。宜寡而多，为谄为阿。以礼制事③，不爽④其宜。

【注释】①秩：礼器爵的等级次第。②倨：傲慢。《说文》：倨，不逊也。③制事：谓处理政治、军事等重大事件。《书·仲虺之诰》："王懋昭大德，建中于民，以义制事，以礼制心，垂裕后昆。"④爽：违背。

【译文】古代拜的种类有九种，今天仅存一种。种类的多寡，以尊卑的次序决定。应该多的而少，就会因傲慢而惹祸；应该少的而多，就变成了阿谀奉承。要用礼仪来处理事情，又要不违背时宜。

食

珍腴①之惭，不若藜藿②之甘。万钟③之尸居④，不若釜庾⑤之有为⑥。苟无待⑦于富贵，夫孰得而贫贱之。噫。

【注释】①珍腴：肥美可口。②藜藿：藜和藿。泛指粗劣的饭菜。③万钟：指优厚的俸禄。钟，古量名。④尸居：指居位而不尽职。⑤釜庾（fǔ yǔ）：釜和庾，均古量器名。引申指数量不多。⑥有为：有作为。《易·繫辞上》："是以君子将有为也。"⑦待：依靠。

【译文】不义而得的肥甘，不如自己劳动所得的粗饭甘甜。有万钟的俸禄而玩忽职守，不如只有少许俸禄而尽职尽责。如果能不仅仅依靠富贵（就能成就自己的尊贵），那么谁又能使你贫贱呢？噫嘻！

饮

酒之为患，俾①谨者荒②，俾庄者狂，俾贵者贱，而存者亡。有家有国，尚慎其防。

【注释】①俾（bǐ）：使，把。②荒：昏聩。

【译文】酒带来的祸患，使谨慎的人昏聩，使庄重的人疏狂，使尊贵的人卑贱，使活着的人死亡。有国有家的人，都会慎重地防范。

言

发乎口，为臧为否。加①乎人，为喜为嗔。用乎世，为成为败。传乎书，为贤为愚。呜呼，其发也可不慎乎。

【注释】①加：施加。

【译文】话说出口，有善有恶。施加于人，可以使人高兴也可以使人发怒。运用在世事上，可以招致成功也可以招致失败；记载在书籍上，可以使人成为贤人也可以使人成为愚人。呜呼，说话难道不要非常慎重吗？

动

吾形也人，吾性也天。不天①之祇，而人之随。徇人而忘反②，不弃其天，而沦于禽兽也几希③。

【注释】①不天：不为天所护佑。②反：返。③几希：相差甚微；极少。

【译文】我们的形体是人，我们的性德是天。那些不为上天所护佑的神祇，有人却盲目地跟随它。随顺人的欲望而忘了回归自己的本性，这样的人最终能够不完全失去人的天性而堕落为禽兽的极少。

笑

中之喜，笑勿启齿。见其异，勿侮以戏。内既病乎德，外为祸阶①。抵掌②绝缨③，匪优④则俳⑤。

【注释】①祸阶：谓祸之所从来。阶，阶梯，喻凭借或途径。②抵掌：击掌。指人在谈话中的高兴神情。亦因指快谈。③绝缨：扯断结冠的带。据汉刘向《说苑·复恩》载：楚庄王宴群臣，日暮酒酣，灯烛灭。有人引美人之衣。美人援绝其冠缨，以告王，命上火，欲得绝缨之人。王不从，令群臣尽绝缨而上火，尽欢而罢。后三年，晋与楚战，有楚将奋死赴敌，卒胜晋军。王问之，始知即前之绝缨者。后遂用作宽厚待人之典。④优：优人。古代以乐舞、戏谑为业的艺人。⑤俳：伶人。指以舞乐杂戏为业的人。

【译文】内心喜悦，笑不要露齿。见到别人的异常，不要戏弄欺侮。内在德行有缺陷，外在就成为祸患的由来。谈笑击掌、扯断帽带的人，不是优人就是伶人。

喜

得乎道而喜，其喜曷①已。得乎欲而喜，悲可立俟。惟道之务，惟欲之去。颜孟之乐，反身②则至。

【注释】①曷（hé）：何，什么。《说文》：曷，何也。②反身：回转身来。

【译文】于道有得而欢喜，这种欢喜真是没有止境。因欲望满足而欢喜，悲哀马上就会跟着到来。需追求的只有道，需去除的唯有欲。这样的话，颜回孟子的大乐，转个身就得到了。

怒

世人于怒，伤暴与遽。切齿①攘袂②。不审③厥虑。圣贤不然，以道为度，揆④道酬物⑤，己则无与⑥。暴遽⑦是惩，圣贤是师。颜之好学，自此而推。

【注释】①切齿：咬牙；齿相磨切。极端痛恨貌。②攘袂：捋上衣袖。常形容奋起貌。③不审：不慎重；不周密。④揆：管理；掌管。⑤酬物：犹处事接物。⑥无与：不给予。⑦遽：快，迅速。

【译文】世人的愤怒，常常过于猛烈和迅速，咬牙捋袖不思后果。圣贤不这样，以道为法度，用道来待人接物，自己则不附加任何其他的东西。以暴怒为戒，以圣贤为师，颜回的好学，从这点可以推知。

忧

惰学与德，汝日戚戚①，忧为有益。名位不光，惟日忧伤，汝志则荒。弃其所当忧，而忧其不必忧，世之人皆然。汝孰②忧哉，勉于自修。

【注释】①戚戚：忧惧貌；忧伤貌。《论语·述而》："君子坦荡荡，小人长戚戚。"何晏集解引郑玄曰："长戚戚，多忧惧。"②孰：什么。

【译文】懒于学习与修德，你日日忧惧，这忧惧是有益的。名位不光大，只是日日忧伤，你的心志就会昏聩。放弃应当忧惧的，而忧愁那些不必担忧的，世上的人都这样。你忧什么啊，勉力自我修养吧。

好

物有可好，汝勿好之。德有可好，汝则效之。贱物而贵德，孰谓道远，将允蹈之。

【译文】东西有喜爱的，你不要爱好它。道德有喜好的，你要效法它。轻视物质而重视道德，谁说道离人很远呢？你这样做就已经是行在道上了。

恶

见人不善，莫不知恶。己有不善，安不之顾。人之恶恶，心与汝同。汝恶不改，人宁汝容。恶己所可恶，德乃日新。己无不善，斯能恶人。

【译文】见别人不善，无不知道那是恶；自己有不善，哪能就不管不顾了呢？人们厌恶恶，此心与你相同。你的恶不改，别人怎么能容忍呢？厌恶自己应该厌恶的，德行才会日日更新。自己没有不善，才能厌恶别人的恶。

取

非吾义，锱铢①勿视。义之得，千驷②无愧。物有多寡，义无不存。畏非义如毒螫^③，养气之门。

【注释】①锱铢：锱和铢。比喻微小的数量。②千驷：四千匹马，言马多。《论语·季氏》："齐景公有马千驷，死之日，民无德而称焉。"何晏集解："孔曰：'千驷，四千匹。'"③毒螫：指毒汁、毒素。

【译文】不是我该得的，锱、铢那样小的东西看都不看；该我得的，四千匹马都不嫌多。财物有多有少，道义则无处不在。畏惧不义如畏惧毒汁，是涵养正气的门径。

与

有以^①处己，有以处人。彼受为义，吾施为仁。义之不图，陷人为利。私惠^②虽劳^③，非仁者事。当其可与，万金与之。义所不宜，豪发^④拒之。

【注释】①有以：犹有何。有什么。②私惠：私自馈赠。《礼记·缁衣》："私惠不归德，君子不自留焉。"郑玄注："私惠，谓不以公礼相庆贺，时以小物相问遗也。"③劳：慰劳（辛苦的人）。④豪发：毫毛和头发。比喻细微之物。豪，通"毫"。

【译文】自己有的物品，有多余的就要赠予他人。他人接受是符合道义的，因此我的施予也是仁义的。如果没有考虑到道义，就是陷害别人于图谋利益。像这样私自的馈赠虽可作慰劳，却不是仁者应该做的事。当可以赠予时，万金都可赠予。于道义相违背的时候，毫发都要拒绝。

诵

诵其言，思其义。存诸心，见乎事。以敬畜德^①，以静养志。日化岁加，山立②川驶。圣德③卓然④，焉敢不至。

养正遗规

【注释】①畜德：修积德行。语本《易·大畜》："君子以多识前言往行，以畜其德。"②山立：像高山一样屹立不动。《礼记·玉藻》："立容，辨卑毋讇，头颈必中，山立时行。"孔颖达疏："山立者，若住立则嶷如山之固，不摇动也。"③圣德：犹言至高无上的道德。一般用于古之称圣人者。也用以称帝德。④卓然：卓越貌。

【译文】诵读古人的句子，要领会其中的义理，记取在心，用于行事。以恭敬养德，以宁静养志。日日变化，岁岁增益，德行像山一样屹立，像河流一样奔流。卓越的圣德，怎么得不到呢？

书

德有余者，其艺必精。艺本于德，无为而名。惟艺之务，德则不至。苟极其精，世不之贵。汝书不美，自视不善。德不若人，乃不知忧。先乎其大，后乎其细。大或可傅，人不汝弃。

【译文】德行有余的，他的技艺必然精湛。技艺源于德行，自然而成。但只以技艺为事务，德行就不能成就。纵使技艺极其精湛，世人也不会尊崇你。你的书法不美，会自认为不好，但是在德行上比不上别人，却往往不懂得忧惧。应该先做大的方面，后做小的方面。大的方面能对人有所帮助，别人就不会抛弃你。

高提学《洞学十戒》

（高名贲亨，字汝白，浙江临海人。明正德时，江西提学副使）

　　宏谋按：白鹿洞书院，自朱子揭示学者，体要^①粲然^②大备^③。后儒振兴洞学，递有规条，要皆庚续^④发明^⑤朱子之意。然或以其词之繁，非幼学所能尽晓。独高公立《洞学十戒》，于末学^⑥病痛^⑦，尽其表里。而杜渐防微，尤当自幼学始。使之重以为戒，从事圣贤之途，则凡所以禁其为彼而导其为此者，不啻^⑧言提其耳矣。宏谋故辑此，以终是卷，其于揭示中所云规矩禁防之具，盖不无小补^⑨云。

【注释】①体要：大体；纲要。②粲然：明白貌；明亮貌。③大备：一切具备；完备。④庚续：继续。⑤发明：阐述；阐发。⑥末学：肤浅无本之学。多用作自谦之词或自称的谦词。⑦病痛：毛病；缺点。《朱子语类》卷七五："唐时人说得虽有病痛，大体理会得是。"《朱子语类》卷三三："孔子岂不欲人人至于圣贤之极，而人人亦各自皆有病痛。"⑧不啻：无异于，如同。⑨小补：小小的补益。

【译文】宏谋按：白鹿洞书院，自从朱子开示给学者，大体纲要都清楚、完备。后代儒生振兴白鹿洞之学，相继又有了规章条文，都是继续阐发朱子的意趣。然而有的因为言语繁复，不是幼学儿童所能领会尽的。唯独高公立《洞学十戒》对于后代学子肤浅无本的毛病，指尽内外表里。而防微杜渐，尤其要从幼学时开示。使他们重视以为警戒，从事圣贤的道路，则都是禁止他们做那些而引导他们做这些，无异于用话语提醒他们的耳朵啊。宏谋故此编辑此篇，来结束这一卷。这对于揭示卷中所提到的规矩禁忌等，大概不无小小的补益啊。

一曰立志卑下

谓以圣贤之事不可为，舍其良心①，甘自暴弃，只以工文词博记诵为能者。

【注释】①良心：本谓天然的善良心性。《孟子·告子上》："虽存乎人者，岂无仁义之心哉？其所以放其良心者，亦犹斧斤之於木也。"

【译文】立志卑下是指认为圣贤之事不可能做到，因而舍弃良心，甘于自暴自弃，只以工整的文辞和广博的背诵为本事。

二曰存心欺妄

谓不知为己之学①，好为大言，互相标榜，粉饰②容貌，专务虚名者。

【注释】①为己之学：《论语》："古之学者为己，今之学者为人。"②粉饰：傅粉妆饰。

【译文】存心欺妄指不知道学问之道是提高自己的道德修养，好说大话，互相标榜，敷粉妆饰容貌，专门追求虚名的行为。

三曰侮慢圣贤

　　称为如小衣①入文庙及各祠, 闲坐嬉笑, 及将圣贤正论②格言③作戏语, 不盥栉④观书之类。

　　【注释】①小衣: 内裤; 裤子。②正论: 正确合理的言论。③格言: 含有教育意义可为准则的话。④盥栉: 谓梳洗整容。

　　【译文】侮慢圣贤是说如穿内衣进入文庙和各种祠堂, 闲坐打闹, 以及将圣贤的正确言论和教诲当作戏谑之语, 和不梳理整容就看圣贤书之类。

四曰陵忽师友

　　谓如相见不敬, 退则诋毁, 责善不从, 规过则怒之类。

　　【译文】陵忽师友是说相见不恭敬, 离开后加以诋毁, 对劝善的话不听从, 听到纠正自己的过错的话就发怒之类。

五曰群聚嬉戏

　　凡初至接见①之后, 虽同会亦必有节。非同会者, 尤不可数见。若群聚遨游②, 设酒剧会, 戏言③戏动, 不惟荒废学业, 抑且④荡害性情。

　　【注释】①接见: 犹会见。《仪礼·丧服》: "传曰: 何以繐衰也。诸侯之大夫, 以时接见乎天子。"郑玄注: "接, 犹会也。诸侯之大夫以时会见於天子而服之。"②遨游：游乐；嬉游。③戏言：开玩笑。④抑且：况且；而且。

【译文】凡是初到见面之后，即使是同会的学友也一定要有礼节。不是同学聚会的，更不可多次参与。假如常常群聚游乐，设置酒宴聚会，开玩笑打闹，不仅荒废了学业，而且伤害了性情。

六曰独居安肆

谓如日高不起，白昼打眠，脱巾裸体，坐立偏跛①之类。

【注释】①偏跛：走起路来身体不平衡。
【译文】独居安肆是说太阳高了还不起床，白天打瞌睡，脱掉头巾裸露身体，坐和站都歪斜之类。

七曰作无益之事

谓如博奕之类。至于书文，虽学者事，然非今日所急，亦宜戒之。

【译文】无益之事是说下棋赌博之类。至于读书学文，虽然是学者的事，但是不是今日急需的，也不应去做。

八曰观无益之书

谓如老庄仙佛之书，及战国策，诸家小说，各文集。但无关于圣人之道者皆是。

【译文】观无益之书指的是老庄神仙佛教（其中一味宣扬怪力乱神）之书，以及战国策，诸子百家小说，各家文集中凡是无关圣人之道的都是。

九曰好争

凡朋友同处，当如久敬之道，通财之义。若以小忿小利，辄伤和气，与涂人^①无异矣。

【注释】①涂人：路人；陌生人。

【译文】凡是朋友相处，当合于久而成敬、互通财物的道义。如果因为小怨恨和小利益，就伤了和气，就和路人没有什么不同了。

十曰无恒

夫恒者入圣之道。小艺无恒，且不能成，况学乎？在院生儒，非有急务，不宜数数回家。及言动^①课程，俱当有常，毋得朝更夕变，一作一辍。

【注释】①言动：言行。

【译文】有恒心是入圣贤的路径。小技艺没有恒心，况且不能成就，何况是做人的学问呢？在学院里的儒生，不是有急事，不应该多次回家。至于言行和课程，都应该有恒常计划，不得轻易更改，一会儿做，一会儿停止。

高提学《洞学十戒》

卷下

颜氏家训·勉学篇

（颜氏，名之推，北齐人。）

　　宏谋按：教弟子之法，自夫子以学文①后于力行，本末②固已粲然③。兹④辑⑤养正规⑥，诸凡⑦孝弟⑧谨信⑨爱⑩众⑪亲仁⑫之事，上卷略⑬备⑭，然圣贤成法⑮，非学古安能有获。观颜氏《勉学篇》，反覆⑯提撕⑰，词旨⑱恳到⑲，而以幼而学者方诸日出之光，则及时自勉，所当爱惜分阴⑳之意，溢于言表矣。余故录此为下卷开章，即以《朱子读书法》继之，盖序固不容淆，功尤不可缺也。

　　【注释】①学文：学习文化知识。②本末：主次，先后。③粲然：形容清楚明白。④兹：这个。⑤辑：把各种来源的书面材料或项目经加工汇编成一个文件或一册，汇编成一套文件或丛书。⑥规：法度、准则。⑦凡：所有的。⑧孝弟：亦作"孝悌"。孝顺父母，敬爱兄长。《论语·学而》："其为人也孝弟，而好犯上者鲜矣。"朱熹 集注："善事父母为孝，善事兄长为弟。"《孟子·梁惠王上》："谨庠序之教，申之以孝悌之义。"⑨谨信：恭谨诚信。⑩爱：视而加以保护。⑪众：众人、大家。⑫亲仁：近有仁德的人。⑬略：全；皆。⑭备：完备；齐备。⑮成法：原先的法令制度；老规矩；老方法。⑯反覆：亦作"反复"。重复再三；翻来覆去。《易·乾》："终日乾乾，反复道也。"《朱熹·本义》："反复，重复践行之意。"⑰提撕：教导；提醒。⑱词旨：言辞意旨。⑲恳到：亦作"恳倒"。犹恳至。⑳分阴：谓极短的时间。

【译文】宏谋按：教导弟子的方法，从孔夫子提出学文应该在力行孝、悌、谨、信、爱众、亲仁之后，主次和先后已经非常清楚明白了。兹辑《养正规》，各种孝顺父母，敬爱兄长，恭谨诚信，爱护众人，亲近有仁德的人的事宜，上卷中已经很完备了，然而圣贤已有既定之法，不向古人学习怎么能有所收获呢？读颜氏《勉学篇》，书中再三教导，言辞和意旨都很恳切，又把一个人从小就学习比作日出的光芒，那么其及时勉励自己、要珍惜光阴之意，也就溢于言表了。所以我把这一篇收为下卷的开篇之作，然后紧接着它的是《朱子读书法》，因为顺序固然不可混乱，功用更是必不可少。

自古明王圣帝，犹须勤学，况凡庶乎①？此事遍于经史，吾亦不能郑重②，聊③举④近世⑤切要⑥以终寤⑦汝⑧耳。士大夫子弟，数岁已上，莫不被教。多者或至礼传⑨，少者不失⑩诗论⑪。及至冠婚⑫，体性⑬稍定。因此天机⑭，倍须训诱⑮。有志尚⑯者，遂⑰能磨砺⑱，以就⑲素业⑳。无履立㉑者，自兹㉒惰慢㉓，便为凡人。人生在世，会当㉔有业。农民则计量㉕耕稼㉖，商贾则计论㉗货贿㉘。工巧则致精器用，伎艺㉙则沉思㉚法术㉛，武夫则惯习弓马，文士则讲议㉝经书。多见士大夫耻涉农商，羞务工伎，射既不能穿札㉞，笔则才记姓名，饱食醉酒，忽忽㉟无事，以此销日㊱，以此终年㊲。或因家世余绪㊳，得一阶半级，便谓为足，安能自苦㊴？及有吉凶大事，议论得失，蒙然张口，如坐云雾，公私宴集㊶，谈古赋诗，塞默㊷低头，欠伸㊸而已。有识旁观，代其入地，何惜数年勤学，长受一生愧辱哉！

【注释】①凡庶：平民；平常人。②郑重：频繁，反复多次。③聊：姑

养正遗规

且，暂且。④举：提出；列举。⑤近世：犹近代。⑥切要：要领；纲要。⑦寤：通"悟"。觉悟，认识到⑧汝：你，你们，多用于称同辈或后辈。⑨礼传：指《礼记》《左传》。指礼书。⑩不失：不遗漏；不丧失。⑪诗论：《毛诗》、《论语》。⑫冠婚：亦作"冠昏"。谓行加冠、结婚礼。⑬体性：身体、禀性。⑭天机：犹灵性。谓天赋灵机。⑮训诱：教诲诱导。⑯志尚：志向；理想。⑰遂：就；于是。多用于书面语。⑱磨砺：亦作"磨厉"、"磨励"。磨炼。⑲就：完成；成功。⑳素业：清白的操守。㉑履立：犹操守。㉒兹：通"滋"。益，愈加㉓惰慢：懈怠不敬。㉔会当：该当；当须。含有将然的语气。㉕计量：计算，度量，考虑，打算。㉖耕稼：泛指种庄稼。㉗计论：计较；较量。㉘货贿：财货，财物。㉙致精：显示精巧。㉚伎艺：指有技艺的人。㉛沉思：深思。㉜法术：方法；技术。㉝讲议：讲究论议；谈论商讨。㉞穿札：射穿铠甲。札，铠甲的叶片。形容射箭功力之强。㉟忽忽：迷糊，恍惚。㊱销日：消磨时日。㊲终年：尽其天年。㊳余绪：留传给后世的部分。㊴自苦：自己受苦；自寻苦恼。㊵蒙然：迷糊貌；蒙昧貌。㊶宴集：宴饮集会。㊷塞默：犹沉默，不作声。㊸欠伸：亦作"欠申"。打呵欠，伸懒腰。疲倦的表示。《仪礼·士相见礼》："凡侍坐君子，君子欠伸，问日之早晏，以食具告。"郑玄注："志倦则欠，体倦则伸。"

【译文】自古以来的那些圣明帝王，尚须勤奋学习，何况普通百姓呢！这类事在经书史书中随处可见，我也不可能——列举，姑且捡近世紧要的事说说，以启发点悟你们。现在士大夫的子弟，长到几岁以后，没有不受教育的。那学得多的，已学了《礼经》、《左传》。那学得少的，也学完了《诗经》、《论语》。等到他们成年，体质性情逐渐成型，趁这个时候，就要对他们加倍进行训育诱导。他们中间那些有志气的，就能经受磨炼，以成就其清白正大的事业；而那些没有操守的，从此懒散起来，就成了平庸的人。人生在世，应该从事一定的工作：当农民的就要算计耕作，当商贩的就要商谈买卖，当工匠的就要精心制作各种用品，当艺人的就要深入研习各种技艺，当武士的就要熟悉骑马射箭，当文人的就要谈论圣贤经典。常见士大夫耻于从事农业商业，又羞于从事工匠、技艺的工作；射箭连一层铠甲也射不穿，动笔仅仅能写出自己的名字；整天酒足饭饱，无所事事，以此消磨时光，了结一生。还有的人因祖上的庇荫，得到一官半职，便自我满足，又哪能自己苦心志于学业呢？碰上有吉凶大事，议论起得失来，就张口结舌，茫然无所知，如堕云雾中一般；在各种公私宴会的场合，别人谈古论今，赋诗言志，他却像塞住了嘴一般，低着头不吭声，只有打呵欠的份。有见识的旁观者，都替他害臊，恨不能钻到地下去。这些人为何不勤学几年，以免终生的羞愧和耻辱呢？

梁朝全盛之时，贵游①子弟②，多无学术③，至于谚云："上车不落则著作④，体中何如⑤则秘书⑥。"无不熏衣剃面，傅粉施朱⑦，驾长檐车⑧，跟⑨高齿屐⑩，坐棋子⑪方褥，凭班丝⑫隐囊⑬，列器玩于左右，从容⑭出入，望若神仙。明经⑮求第⑯，则雇人答策⑰。三九公讌⑱，则假手赋诗。当尔⑲之时，亦快士⑳也。及离乱㉑之后，朝市㉒迁革㉓，铨衡㉔选举㉕，非复曩㉖者之亲，当路㉗秉权㉘，不见昔时之党㉙。求诸身而无所得，施㉚之世而无所用㉛。披褐㉜而丧㉝珠，失皮而露质㉞。兀㉟若枯木，泊㊱若穷流㊲，鹿独㊳戎马之间，转㊴死沟壑之际。当尔之时，诚㊵鴑材㊶也。有学艺者，触地㊷而安。自荒乱已㊸来，诸见俘虏㊹，虽㊺百世小人㊻，知读《论语》《孝经》者，尚㊼为人师。虽千载冠冕㊽，不晓书记㊾者，莫不㊿耕田养马。以此观之，安可不自勉○51耶？（以上为不学者言学，以下为学者言实学○52。）

【注释】①贵游：指无官职的王公贵族。亦泛指显贵者。《周礼·地官·师氏》："掌国中失之事以教国子弟，凡国之贵游子弟学焉。"郑玄注："贵游子弟，王公之子弟。游，无官司者。"②子弟：泛指年轻后辈。③学术：指学问、学识、治国之术。④著作：即著作郎，官名，掌编纂国史。⑤体中何如：当时书信中的客套话。⑥秘书：秘书郎，官职。后用以泛称博闻强记的人。⑦傅粉施朱：搽粉抹红。谓打扮得很妖艳。傅，通敷。⑧长檐车：一种用车幔覆盖整个车身的车子。⑨跟：穿着（鞋），趿。⑩高齿屐：一种装有高齿的木底鞋。⑪棋子：喻指棋子形的块状物或图样。⑫班丝：即班布。一种染以杂色的木棉布。班，通“斑”。⑬隐囊：供人倚凭的软囊。犹今之靠枕、靠褥之类。⑭从容：悠闲舒缓，不慌不忙。⑮明经：汉代以明经射策取士。隋炀帝置明经、进士二科，以经义者为明经，以诗赋取者为进士。宋改以经义论策试进士，明经始废。⑯第：科第。科举时代考试合格列入的等第。也指取得的功名。⑰答策：朝廷选人时，提出当时政治、经济等问题，要求对答，应选者作答，谓之“答策”。⑱谎：同“宴”。⑲尔：那。⑳快士：豪爽之士。㉑离乱：变乱。常指战乱。㉒朝市：朝廷和市集。㉓迁革：变革，变化。㉔铨衡：考核、选拔（人才）。㉕选举：古代指选拔举用贤能。自隋以后，分为二途：举士属礼部，包括考试与学校；举官属吏部，掌管铨选与考绩。正史自新、旧《唐书》以下至《明史》皆有《选举志》。㉖曩：以往，过去。㉗当路：执政；掌权。㉘秉权：执掌政权。㉙党：朋辈。指意气相投的人。㉚施：施行；实行；推行。㉛用：使用，采用，任用。㉜披褐：身穿短褐。多指生活贫苦。㉝丧：丧失。㉞质：素质；本质；禀性。㉟兀：茫然无知。㊱泊：泊，浅水貌。㊲穷流：干涸的河流。㊳鹿独：犹落拓，颠沛流离貌。㊴转：转移，辗转。㊵诚：确实，的确。㊶驽材：亦作“驽才”。平庸低劣之材。㊷触地：到处，遍地。㊸荒乱：年荒世乱。㊹已：同“以”，语气助词，表示时间、方位和范围。㊺俘虏：亦作“俘掳”或“俘卤”。战争中擒获之敌人，或为敌所擒获者。㊻虽：即使……也；纵使。㊼小人：平民百姓。指被统治者。《书·无逸》：“生则逸，不知稼穑之艰难，不闻小人之劳，惟耽乐之从。”㊽尚：还；仍然。㊾冠冕：冠族，仕宦之家。㊿书记：指文字、书籍、文章等。(51)莫不：无不；没有一个不。(52)自勉：自己勉励自己。(53)实学：切实有用的学问。

【译文】梁朝全盛之时,那些贵族子弟大多不学无术,以致当时的谚语说:"登车不跌跤,可当著作郎;会说身体好,可做秘书官。"这些贵族子弟没有一个不是以香料熏衣,修剃脸面,涂脂抹粉的。他们外出乘长檐车,走穿高齿屐,坐在织有方格图案的丝绸坐褥上,倚靠着五彩丝线织成的靠枕,身边摆的是各种玩赏的器物,进进出出派头十足,看上去就像神仙。到明经答问求取功名的时候,就雇人顶替自己去应试,三公九卿列席的宴会上,他们就借别人之手来帮自己做诗,在这种时刻,他们倒也像个人物。等到动乱来临,朝廷变革,考察选拔官吏时,不再任用过去的亲信,在朝中执掌大权的,再不见旧日的同党。这时候,这些贵族子弟们靠自己一点能力也没有,对社会毫无用处。他们只能身穿粗布衣,卖掉家中的珠宝,失去了华丽的外表,露出了无能的本质;呆头呆脑像段枯木,有气无力像条即将干涸的河流;在乱军中颠沛流离,最后抛尸于荒沟野墓之中。在这种时候,这些贵族子弟就成了实实在在的蠢材。有学问有手艺的人,走到哪里都可以站稳脚跟。自从兵荒马乱以来,我见过不少俘虏,有人虽然世代相传每代都是平民百姓,但由于懂得《孝经》、《论语》,还可以给别人当老师;有些人,虽然是世代相传的世家大族子弟,但由于不通文墨,无不落魄到给别人耕田养马。由此看来,怎么能不努力学习呢?以上是对不学的人谈学习,下面是对学习的人谈实学。

且又闻之,生而知之者上,学而知之者次,所以学者,欲其多智明达^①耳。必有天才,拔群^②出类。为将则暗与孙武、吴起同术。执政,则悬得管仲子产之教。虽未读书,吾亦谓之学矣。今子既不能然。不师古之踪迹^③,犹蒙被而卧耳。

【注释】①明达:对事理有明确透彻的认识;通达。②拔群:高出众人。多指才能。③踪迹:前人的遗迹。多指操行、学术、书画而言。

【译文】况且我又听说，生下来就明白事理的是上等人，通过学习才明白事理的是次一等人。之所以要学习，就是想使自己知识丰富，明白通达。如果说一定有天才存在的话，那就是出类拔萃的人。作为将军，他们不知不觉具备了与孙武、吴起相同的军事谋略；作为执政者，他们先天就获得了管仲、子产的政教才干。虽然他们没有读过书，我也要说他们是有学问的。您现在不能够做到这一点，又不去学习古人的做法，就好比蒙着被子睡觉，什么都不知道了。

人见邻里亲戚，有佳快^①者，使子弟慕而学之，不知使学古人，何其蔽^②也哉！世人但知跨马被甲，长矛强弓，便云我能为将。不知明乎天道，辨乎地利，比量^③逆顺^④，鉴达^⑤兴亡之妙也。但知承上接下，积财发^⑥谷^⑦，便云我能为相。不知敬鬼事神，移风易俗，调节阴阳，荐举贤圣之至^⑧也。但知私财不入，公事夙^⑨办，便云我能治民。不知诚己刑物^⑩，执辔如组^⑪，反^⑫风灭火，化鸱^⑬为凤之术也。但知抱令守律^⑭，早刑晚舍^⑮，便云我能平狱。不知同辕观罪^⑯，分剑追财^⑰，假言而奸露^⑱，不问而得情之察也^⑲。爰^⑳及农商工贾，厮役奴隶，钓鱼屠肉，饭牛牧羊，皆有先达^㉑，可为师表^㉒。博学求之，无不利于事也。

【注释】①佳快：优秀。②蔽：蒙蔽。③比量：比较。④逆顺：逆与顺。多指臣民的顺与不顺，情节的轻与重，境遇的好与不好，事理的当与不当等。⑤鉴达：明察洞彻。⑥发：征发；征调。⑦谷：庄稼和粮食的总称。⑧至：周密，周到。⑨夙：早晨 ⑩刑物："刑"通"型"。给人做出榜样。⑪执辔如组：辔，马缰绳。组，用丝织成的宽带子。此句比喻御民有方。⑫反：通"返"，回的意思。⑬鸱：鸱鸮，即猫头鹰，古人视为恶鸟。⑭抱令守律：死守着律令，不知变通。⑮早刑晚舍：用刑宁早，纵舍宁迟。⑯同辕观罪：《左传·成公十七年》：郤犨和鱼长矫争夺土地，官员把他们俩逮捕并且囚禁，和他们的父母妻子系在一根车辕上。清人朱应栋认为颜之推用典有误，因为这个典故不属于判案查冤的"明察类"。⑰分剑追财：《太平御览》第六百三十九引《内俗通》："沛郡有富家公，赀二千余万。子才数岁，失母，其女不贤。父病，令以财尽属女，但遗一剑，云：'八年十五，以还付之。'其后又不肯与儿，乃讼之。时太守大同空何武也。得其辞，顾谓掾吏曰：'女性强梁，婿复贪鄙，畏害其儿，且寄之耳。失剑者所以决断，限年十五者，度其子智力足闻县官，得以见伸展也。'乃悉夺财还子"。⑱假言而奸露：《魏书·李崇传》："（崇）为扬州刺史。先是，寿春人苟泰有子三岁，遇贼亡失，数年，不知所在。后见在同县人赵奉伯家，泰以状告，各言己子，并有邻证。郡县不能断。崇曰：'此易知耳。'令二父与儿各在别处，禁经数旬，然后遣人告知赵，殊无痛意。崇察知之，乃以儿还泰。"⑲不问而得情之察也：《晋书·陆云传》："（云）为浚仪令。人有见杀者，主名不立，云录其妻而无所问。十许日遣出，密令人行后，谓曰：'不出十里，当有男子候之与语，便缚来。'既而果然。问之，具服，云：'与此妻通，共杀其夫，闻其得出，故远相要候。'于是一县称其神明。"⑳爱：引，援引。㉑先达：有德行学问的前辈。㉒师表：作表率。

【译文】人们看邻居、亲戚中有出人头地的人物，懂得让自己的子弟钦慕他们，向他们学习，却不知道让自己的子弟学习古人。这是多么无知啊。一般人以为只要能跨骏马，披铠甲，手持长矛强弓，就说自己也能当将军，却不知道要了解天时变化，分辨地理条件，比较、权衡逆境顺境，审察把握兴盛衰亡的种种奥妙。一般人以为只要能禀承旨意，统领百官，为国积财储粮，就说自己也能当宰相，却不知道侍奉鬼神、移风易俗、调节阴阳、荐贤举能的种种周密之处。一般人以为只要私财不落腰包、公事尽快办理，就说自己也能治理百姓，却不知道诚心待人、为人楷模、御民有术、止风灭火、消灾免难、化鸱为凤、变恶为善的种种道理。一般人以为只要依照法令条律，判刑宜早，赦免宜迟，就说自己也能秉公办案，却不知道"同辕观罪"、"分剑追财"、"假言露奸"、"不审犯人即可抓奸"一类的故事。推而广之，甚至那些农夫、商贾、工匠、僮仆、奴隶、渔民、屠夫、喂牛的、放羊的，他们中间都有在德行学问上堪称为前辈的人，可以作为学习的榜样。因此广泛地向这些人学习，对事业是大有好处的。

　　夫所以读书学问，本欲开心明目，利于行耳。未知养亲者，欲其观古人之先意承颜①，怡声下气②，不惮③劬劳④，以致甘软，惕然⑤惭惧，起而行之也。未知事君者，欲其观古人之守职无侵⑥，见危授命⑦，不忘诚谏，以利社稷⑧，恻然⑨自念，思欲效之也。素⑩骄奢者，欲其观古人之恭俭节用，卑以自牧⑪，礼为教本，敬者身基，瞿然⑫自失⑬，敛容⑭抑志⑮也。素鄙吝⑯者，欲其观古人之贵义轻财，少私寡欲，忌盈恶满，赒穷恤匮⑰，赧然⑱悔耻，积而能散也。素暴悍者，欲其观古人之小心黜⑲己，齿弊舌存⑳，含垢藏疾，尊贤容众，苶然㉑沮丧，若不胜衣也。素怯懦者，欲其观古人之达生㉒委命㉓，强毅正直，立言必信，求福不回㉕，勃然奋厉㉖，不可恐慑㉗也。历兹以往，百行皆然。纵不能淳，去泰去甚㉘。学之所知，施无不达。世人读书者，但能言之，不能行之，忠孝无闻，仁义不足。加以断一条讼，不必得其理，宰㉙千户县㉚，不必理其民。问其造屋，不必知楣㉛横而梲㉜竖也；问其为田，不必知稷早而黍迟也。吟啸谈谑㉝，讽咏辞赋，事既优闲，材增迂诞㉞。军国经纶㉟，略无施用，故为武人俗吏所共嗤诋㊱，良由是乎？

　　【注释】①先意承颜：同"先意承志"。指孝子先父母之意而顺承其志。②怡声下气：怡声，声音和悦；下气，态度恭顺。形容声音柔和，态度恭顺。《礼记·内则》："下气怡声，问衣燠寒。"③惮：畏难，怕麻烦。④劬劳：劳累；劳苦。劬，音qú。⑤惕然：惶恐貌。⑥侵：侵凌。⑦授命：献出生命。《论语·宪问》："见利思义，见危授命。"朱熹集注："授命，言不爱其生，持以与人也。"⑧社稷：旧时亦用为国家的代称。⑨恻然：哀怜貌；悲伤貌。⑩素：平素，往常，旧时。⑪卑以自牧：谓以谦卑自守。语出《易·谦》："谦谦君子，卑以自牧也。"王弼注："牧，养也。"高亨注："余谓牧犹守也，卑以自牧谓以谦卑自守也。"⑫瞿然：畅厉貌；惊视貌。⑬自失：因感空虚、不足而内心若有所失。⑭敛容：正容。显出端庄的脸色。⑮抑志：抑制自己的志向。⑯鄙吝：形容心胸狭窄。⑰赒穷恤匮：接济、救助鳏寡孤独及其他贫困的人。⑱赧然：惭愧脸红貌。⑲黜：贬职。⑳齿弊舌存：指刚者易折，柔者难毁。㉑苶然：疲惫貌。苶，音niè。㉒不胜衣：谦恭退让貌。《礼记·檀弓下》："文子其中退然如不胜衣，其言呐呐然如不出其口。"㉓达生：指参透人生、不受世事牵累的处世态度。㉔委命：听任命运支配。㉕不回：正直，不行邪僻。㉖勃然：兴起貌。㉗奋厉：激励；振奋。㉘恐慑：威胁慑伏。㉙去泰去甚：去其过甚。谓事宜适中。㉚宰：分割疆土；主宰。㉛千户县：指最小的县。㉜楣：房屋的横梁。㉝棁：梁上短柱。㉞谈谑：谈笑戏谑。㉟迂诞：迂阔荒诞；不合事理。㊱经纶：指治理国家的抱负和才能。㊲嗤诋：嘲骂。

【译文】人之所以要读书学习，本来是为了获得智慧、懂得观察，以增进自己的德行。对那些不知道如何奉养父母的人，让他们看看古人如何体察父母心意，按父母的意愿办事；如何轻言细语，和颜悦色地与父母谈语；如何不怕劳苦，为父母准备美味可口的食品，使他们感到惶恐惭愧，起而效法古人。对那些不知道如何侍奉国君的人，让他们看看古人如何坚守职责，不侵凌犯上；在危急关头，不惜献出性命；如何以国家利益为重，不忘自己忠心劝谏的职责，使他们痛心地对照自己，进而想去效仿古人。对那些平时骄横奢侈的人，让他们看看古人如何恭谨俭朴，节约费用；如何以谦卑自守，以礼让为政教之本，以恭敬为立身之根，使他们震惊变色，自感若有所失，从而收敛骄横之态，抑制骄奢的心性。对那些向来浅薄吝啬的人，让他们看看古人

养正遗规

如何贵义轻财，少私寡欲，忌盈恶满；如何体恤救济穷人，使他们脸红，产生懊悔羞耻之心，从而做到既能积财又能散财。对那些平时暴虐凶悍的人，让他们看看古人如何小心恭谨自我约束，懂得牙齿因坚硬而早脱，舌头因柔软而得以久存的道理；如何宽仁大度，尊重贤士，容纳众人，使他们气焰顿消，显出谦恭退让的样子来。对那些平时胆小懦弱的人，让他们看看古人如何无牵无碍，顺应天道；如何强毅正直，言而有信，如何祈求福运，不违祖道，使他们能奋发振作，无所畏惧。由此类推，各方面的品行都可采取以上方式来培养，即使不能使风气纯正，也可去掉那些过分行为，从学习中所获取的知识，没有哪里不可运用。然而现在的读书人，只知空谈，不能力行，忠孝谈不上，仁义也欠缺，再加上他们审断一桩官司，不一定了解了其中道理，主管一个千户小县，不一定亲自管理过百姓；问他们怎样造房子，不一定知道楣是横着放而棁是竖着放；问他们怎样种田，不一定知道谷子要早下种而黄米要晚下种，整天只知道吟咏歌唱，谈笑戏谑，写诗作赋，悠闲自在，迂阔荒诞；对治军治国则毫无办法。所以他们被那些武官俗吏嗤笑辱骂，确实是有因为这些原因。

夫学者，所以求益耳。见人读数十卷书，便自高大，陵忽①长者，轻慢②同列，人疾③之如仇敌，恶之如鸱枭。如此以学自损，不如无学也。古之学者为己，以补不足也。今之学者为人，但能说之也。古之学者为人，行道以利世也。今之学者为己，修身以求进也。夫学者犹种树也，春玩其华，秋登④其实。讲论文章，春华也；修身利行，秋实也。人生小幼，精神专利⑤。长成已后，思虑散逸⑥，固须早教，勿失机也。吾七岁时，诵《灵光殿赋》，至于今日，十年一理⑦，犹不遗忘，二十之外，所诵经书，一月废置，便至荒芜矣。然人有坎壈⑧，失于盛年，犹当晚学，不可自弃。世人婚冠未学，便称迟暮，因循⑨面墙，亦为愚尔。幼而学者，如日出之光；老而学者，如秉独夜行，犹贤乎瞑目⑩无见者也。

养正遗规

【注释】①陵忽：欺凌轻慢。②轻慢：亦作"轻嫚"。对人不尊重；态度傲慢。③疾：厌恶；憎恨。④登：成熟；丰收。⑤专利：专注敏锐。⑥散逸：流散。⑦理：温习；熟习。⑧坎壈：壈（lǎn），意为困顿⑨因循：疏懒；怠惰；闲散。⑩瞑目：闭上眼睛。

【译文】学习，是为了求得长进。可是我见到有人读了几十卷书便自高自大，欺侮长者，轻视同辈人。这样，别人自然像对仇敌一样恨他，像对鸱枭那样讨厌他。像这样求学其实对自己没有好处，还不如不学。古代求学的人是为了充实自己，以弥补自身的不足，现在求学的人是为了向别人炫耀，只能夸夸其谈；古代求学的人是为了利益他人，推行自己的主张以造福社会，现在求学的人是为了自身需要，增长自己的才干以求做官。学习就像种果树一样，春天可以赏玩它的花朵，秋天可以摘取它的果实。讲论文章，这就好比赏玩春花；修身利行，这就好比摘取秋果。人在幼小的时候，精神专注敏锐，长大成人以后，思想容易分散。因此，对孩子要及早教育，不可坐失良机。我7岁的时候，背诵《灵光殿赋》，直到今天，隔十年温习一次，仍然不会遗忘。20岁以后，所背诵的经书，搁置在那里一个月，便到了荒废的地步。当然。人总有困厄的时候，壮年时失去了求学的机会，更应当在晚年时抓紧时间学习，不可自暴自弃。一般人到成年后还未开始学习，就说太晚了，就这样一天天混下去就好像面壁而立，什么也看不见，也够愚蠢了。从小就学习的人，就好像日出的光芒；到老年才开始学习的人，就好像手持蜡烛在夜间行走，但总比闭着眼睛什么都看不见的人强。

朱子读书法

（元四明程氏辑。程名端礼，号畏斋）

端礼窃^①闻之朱子曰："为学之道，莫先于穷理^②。穷理之要，必在乎读书。读书之法，莫贵乎循序而致精。而致精之本^③，则又在于居敬^④而持志。"此不易之理也。其门人与私淑^⑤之徒。会萃朱子平日之训，而节序^⑥其要^⑦，定为《读书法》六条如左。

【注释】①窃：私下；私自。多用作谦词。②穷理：穷究事物之理。③本：事物的根基或主体。④居敬：谓持身恭敬。⑤私淑：私自敬仰而未得到直接的传授。⑥序：依次序排列。⑦要：要点，纲要。

【译文】端礼私下里曾听朱子说："做学问的方法，不过就是要先穷究事物之理。穷究事物之理的要点，一定是在于读书。读书的方法，不过就是重视按照合理的次序来达到精通。而要想达到精通，最根本的又在于要持身恭敬，坚持志向。"这是什么情况下都不变的真理。朱子的学生和私自敬仰而未得到朱子直接传授的人们收集朱子平时的训诲，并且节选其中的要点，依次序排列，定为如下六条《读书法》。

宏谋按：朱子自定读书之法，一曰循序渐进，一曰熟读精思，二者固尽其要。而此六条者，则后人集其说而推明之者也。考庆源辅氏，先以居敬持志，次及循序渐进，而江东书院讲义，则先之循序渐进，而以居敬持志终焉。夫居敬持志，固循序致精之本，但在初学，似难遽①责之使然。莫若先引以朱子之所自定，然后进之虚心涵泳②，切己体察③，着紧用力，而终之以居敬持志，则由是以渐进于大学，于为学之序似较顺。故是编采程氏所辑，而辅氏之说，则俟④善学者参观⑤而自喻⑥之。

【注释】①遽：急忙，匆忙。②涵泳：深入领会。③体察：体会省察；体验观察。④俟：等待。⑤参观：对照察看。⑥喻：知晓；明白。

【译文】宏谋按：朱子自己明确定下的读书法有两条，一条是"循序渐进"，一条是"熟读精思"，这两条本来已经把最重要的说了出来。而以下这六条，则是后人收集他的言论，据此推论出来的。考据庆源辅氏的版本，首先是得"居敬持志"，接下来才到"循序渐进"，而江东书院的讲义上，则是"循序渐进"在前，而以"居敬持志"结尾。"持身恭敬，坚持志向"固然是"按照合理的次序来达到精通"的根本，但对于刚开始学习的人来说，似乎很难匆忙之间就责成他做到这样。不如先用朱子自定的读书之法来引导他，然后进而虚心领会，将自身代入其中，体验观察，勤奋努力，而最终做到"持身恭敬，坚持志向"。通过这样来渐渐做出大的学问，对于求学的顺序来说比较顺畅。所以这里选择了程氏所编选的版本，而辅氏的版本，就留待善于学习的人来对照查看，而自己去知晓。

循序渐进

朱子曰："以二书言之，则通一书而后及一书。以一书言之，篇章句字，首尾次第①，亦各有序而不可乱，量力所至而谨守之。字求其训^②，句索其旨^③，未得乎前，不敢求乎后。未通乎此，不敢志^④乎彼。如是则志定理明，而无疏易^⑤陵躐^⑥之患^⑦矣。若奔^⑧程^⑨趁^⑩限^⑪，一向趱^⑫著了，则看犹不看也。"近方觉此病痛不是小事，原来道学不明，不是上面欠工夫，乃是下面无根脚。其循序渐进之说如此。

朱子读书法

【注释】①次第：次序；顺序。②训：解说，注释。用通俗的话解释词语的意义。③旨：意思；意义。④志：向慕，有志于。⑤疏易：亦作"疏易"。犹粗率，轻率。⑥陵躐：超越等次。⑦患：疾病；毛病。⑧奔：快跑。⑨程：限度；期限；定额。⑩趁：追逐。⑪限：限期。⑫趱：赶；加快；加紧。

【译文】朱子说："拿两本书来说，先读通一本书之后再去读另一本书。以一本书来说，它的篇章字句、首尾先后，也应该按着各自相应的顺序去读，不可乱，根据自己的能力，量力而行，并且严格遵守；每个字都要找出相应的解释，每句话都要探求它的意思；前面的还没有学好，不敢去学习后面的；这个地方还没有弄懂时，不敢想要去弄懂其他的地方。像这样做就能志向坚定，道理明白，而没有轻率混乱的毛病了。如果总是赶着期限，一向都是这么急急忙忙，那么读书和没读一个样。"近来才觉得这种毛病不是小事，原来学问没学好，不是因为学术上的工夫花得不够，而是因为下面没有打好基础。循序渐进的道理就是这样的。

熟读精思

朱子曰："荀子说诵^①数以贯之，见得古人诵书，亦记遍数。"乃知横渠^②教人读书必须成诵，真道学第一义，遍数已足，而未成诵，必欲成诵。遍数未足，虽已成诵，必满遍数。但百遍时，自是强五十遍。二百遍时，自是强一百遍，今人所以记不得，说不去，心下若存若亡③，皆是不精不熟，所以不如古人。学者观书，读得正文，记得注解，成诵精熟。注中训释④文意，事物名件，发明⑤相穿纽处，一一认得。如自己做出得一般，方能玩味反覆，向上有通透处。其熟读精思之学如此。

【注释】①诵：背诵、朗读。②横渠：即张载（1020年—1078年）北宋哲学家，理学创始人之一，与周敦颐、邵雍、程颐、程颢，合称"北宋五子"。字子厚，汉族，大梁（今河南开封）人，徙家凤翔郿县（今陕西眉县）横渠镇，人称横渠先生。③若存若亡：有时记在心里，有时则忘记掉。《老子》："上士闻道，勤而行之；中士闻道，若存若亡；下士闻道，大笑之。"后用以形容若有若无，难以捉摸。④训释：注解；解释。⑤发明：阐述；阐发。

【译文】朱子说："荀子说，求学始终要朗读并计数。可见古人读书，也记下读了几遍。"由此可知，横渠先生教人读书一定要熟读背诵，真的是做学问的第一步，读的遍数够了之后，如果没有背下来，必须要继续背下去，直到会背为止。读的遍数还没到，即使已经会背了，也必须读满既定的遍数。只要读满一百遍，一定是比读五十遍强；读满二百遍，一定是比读一百遍强。现在的人之所以记不得，说不出，心里模模糊糊，都是因为没有把学问弄精弄熟。所以不如古人。有学问的人读书，读了正文，还记得注解，背得滚瓜烂熟。注释中注解文意，解释事物名目，后人所阐发的相似之处，都一一看得清楚明白，如同自己做出的一样，只有做到这样才能反复体悟，透彻理解书中深刻的道理。学习要熟读精思指的就是这样。

虚心涵泳①

朱子曰："庄子说吾与之虚而委蛇②，既虚了，又要随他曲折去。"读书须是虚心方得,圣贤说一字是一字,自家只平著心去秤停[3]他,都使不得一毫杜撰[4]。今人读书,多是心下先有个意思,却将圣贤言语来凑。有不合,便穿凿[5]之使合,如何能见得圣贤本意。其虚心涵泳之说如此。

【注释】①涵泳:深入领会。②虚而委蛇:形容假意殷勤、敷衍应酬。③秤停:衡量斟酌。④杜撰:谓没有根据地编造;虚构。⑤穿凿:犹牵强附会。

【译文】朱子说:"庄子说我与他虚以委蛇,已经虚己忘怀了,又要让自己的思路随着书中的意思走。"读书一定要虚心探求才能有所得,圣贤说的一字一句,自己只能平心静气地去斟酌衡量,不能有一丝一毫的编造和虚构。现在的人读书,大多是心里先有了自己的想法,却把圣贤们的语言拿来硬往上凑。如果有不一致的,就穿凿附会使之变得一致,这样做怎么能够领会圣贤的本意呢? 虚心涵泳的意思就是这样的。

切己体察[1]

朱子曰:"入道之门,是将自身入那道理中去,渐渐相亲,与己为一。"而今人道在这里,自家在外,原不相干。学者读书,须要将圣贤言语,体之于身。如克己复礼[2],如出门如见大宾等事,须就自家身上体覆[3],我实能克己复礼。主敬[4]行恕否。件件如此方有益。其切己体察之说如此。

【注释】①体察:体会省察;体验观察。体:亲身经验;体察。②克己复礼:约束自己,使自己言行和享受待遇符合礼的严格规定就是仁。③体覆：审查。④主敬：即主敬存诚。指万事万物常怀敬畏之心。

【译文】朱子说："学习大道的法门，是将全身心融入那道理中去，越来越近，和自己合为一体。"而现在的人往往都是"道"在这里，自己在"道"的外面，毫不相干。学者读书，一定要将圣贤的言语结合自己的亲身体验。比如约束自己，使自己言行和享受待遇符合礼的规定；比如出门如同去见重要的客人一样这些事，一定要审查自己，我确实能够做到克己复礼、主敬行恕吗？每一件事都要这样，才能有所收益。切己体察的意思就是这样的。

着紧用力

朱子曰："宽著期限，紧著课程。为学要刚毅果决，悠悠^①不济事。且如发愤忘食，乐以忘忧^②，是什么精神，什么筋骨。"今之学者，全不曾发愤，直要抖擞精神，如救火治病然。如撑上水船，一篙不可放缓，其著紧用力之说如此。

【注释】①悠悠：游荡貌；懒散不尽心貌。②乐以忘忧：谓因乐于道而忘记忧愁。《论语·述而》："其为人也，发愤忘食，乐以忘忧，不知老之将至云尔。"邢昺疏："发愤嗜学而忘食，乐道以忘忧。"

【译文】朱子说："设定期限可宽松，课程安排要紧凑。求学要刚毅果决，懒懒散散是没有用的。而且如果发奋读书都忘了吃饭，欣欣然沉浸在学问之中都忘却了烦恼，那是一种什么样的精神境界啊。"如今求学的人，完全都不曾发奋读书，真应该抖擞精神，像救火像治病那样奋力读书啊。如同撑船逆流而上，每撑一篙都不敢怠慢。著紧用力的意思就是这样的。

居敬持志

朱子曰："程先生云'涵养须用敬,进学则在致知①',"此最精要。方无事时,敬以自持②。心不可放入无何有之乡③,须是收敛在此。及应事时,敬于应事,读书时,敬于读书,便自然该贯动静,心无不在。"今学者说书,多是捻合来说,却不详密活熟。此病不是说书上病,乃是心上病,盖心不专静纯一,故思虑不精明④。须要养得虚明⑤专静⑥,使道理从里面流出方好。其居敬持志之说如此。

【注释】①涵养须用敬,进学则在致知:出自程颐《颜子所好何学论》。致知,朱熹认为"致,推极也;知,犹识也。推极吾之知识,欲其所知无不尽也"。②自持:自我克制。③无何有之乡:空无所有的地方,多用以指空洞而虚幻的境界或梦境。④精明:精要明白。⑤虚明:指内心清虚纯洁。⑥专静:淳朴敦厚,沉静不浮躁。

【译文】朱子说:"程颐先生说'德行修养一定要秉着严肃专一的态度,追求学问则在于穷尽宇宙、人生的道理',这是最重要的。没有事情的时候,严肃认真、精神专一,自己把握好自己。不能把心放入空洞虚幻的白日梦之中,一定要收敛。遇到事情时就应严肃认真地对待事情,读书时就专心致志地读书。这样便自然能够让精神贯注于事情的始终,没有心不在焉的时候。"如今学者阐发书籍,多是凑合来说,却做不到周密圆融。这种问题不是书里的问题,是心里的问题,因为心思不专注纯净,所以思考就无法做到简要明白。一定要将内心培养得清虚纯洁,淳朴敦厚,沉静不浮躁,使道理从心中自然流出才是最好的。居敬持志的意思就是这样的。

朱子治家格言

宏谋按：《礼》："男子三十壮有室。"今则未弱冠，而已多授室者矣。此其去成童无几，能知闲有家悔亡之道者盖鲜。故于论读书后，即继以《治家格言》，所以及其志未变，而使知保室宜家之非易也。夫古人治家之言颇不少，独取乎是者，其言质，愚智胥能通晓，其事迩，贵贱尽可遵行。故虽朱子文集所不载，以其锓版流传之既久也，录之。

【译文】宏谋按：《礼记》中说"男子到三十岁壮年当有家室。"现在却不到二十岁，很多男子就已经娶妻成家了。这时他们还未发育成熟，与儿童相差不大，能知道居家之道的人太少了。所以在论读书之后，就从《治家格言》继续，用来使他们在志向没变之前就知道，保室宜家并不是容易的事。古人治家的格言很多，只取这篇的原因是，它语言简单，愚人和智者都能看懂。事例浅近，富贵与贫贱都可遵行。因此，虽然朱子文集中并没有记载，由于它在印刷版中流传很久了，所以收录了它。

黎明即起，洒扫庭除，要内外整洁。既昏便息，关锁门户，必亲自检点。一粥一饭，当思来处不易。半丝半粒，恒念物力维艰。宜未雨而绸缪，毋临渴而掘井。自奉必须俭约，燕客切勿留连。器具质而洁，瓦缶胜金玉。饮食约而精，园蔬愈珍馐。勿营华屋，勿谋良田。三姑六婆，实淫盗之媒。婢美妾娇，非闺房之福。奴仆勿用俊美，妻妾切忌艳妆。祖宗虽远，祭祀不可不诚。子孙虽愚，经书不可不读。居身务期质朴，训子要有义方。勿贪意外之财，莫饮过量之酒，与肩挑贸易，毋占便宜。见贫苦亲邻，须加温恤。刻薄成家，理无久享。伦常乖舛，立见消亡。兄弟叔侄，须分多润寡。长幼内外，宜辞严法肃。听妇言，乖骨肉，岂是丈夫。重赀财，薄父母，不成人子。嫁女择佳婿，毋索重聘。娶妇求淑女，勿计厚奁。见富贵而生谄容者最可耻。见贫穷而作骄态者贱莫甚。居家戒争讼，讼则终凶。处世戒多言，言多必失。毋恃势力而凌逼孤寡，勿贪口腹而恣杀牲禽。乖僻自是，悔误必多。颓惰自甘，家道难成。狎昵恶少，久必受其累。屈志老成，急则可相倚。轻听发言，安知非人之谮诉，当忍耐三思。因事相争，安知非我之不是，须平心再想。施惠无念，受恩莫忘。凡事当留余地，得意不宜再往。人有喜庆，不可生妒忌心。人有祸患，不可生喜幸心。善欲人见，不是真善。恶恐人知，便是大恶。见色而起淫心，报在妻女；匿怨而用暗箭，祸延子孙。家门和顺，虽饔飧不继，亦有余欢。国课早完，即囊橐无余，自得至乐。读书志在圣贤，非徒科第。为官心存君国，岂计身家。守分安命，顺时听天。为人若此，庶乎近焉。

【译文】每天早晨黎明就要起床，先用水来洒湿庭堂内外的地面然后扫地，使庭堂内外整洁；到了黄昏便要休息并亲自查看一下要关锁的门户。对于一顿粥或一顿饭，我们应当想着来之不易；对于衣服的半根丝或半条线，我们也要常念着这些物资的产生是很艰难的。凡事先要准备，像没到下雨的时候，要先把房子修补完善，不要"临时抱佛脚"，像到了口渴的时候，才来掘井。自己生活上必须节约，聚会在一起吃饭切勿流连忘返。餐具质朴而干净，虽是用泥土做的瓦器，也比全玉制的好；食品节约而精美，虽是园里种的蔬菜，也胜于山珍海味。不要营造华丽的房屋，不要图买良好的田园。社会上不正派的女人，都是邪淫和盗窃的媒介；美丽的婢女和娇艳的姬妾，不是家庭的幸福。家僮、奴仆，不可雇用英俊美貌的，妻、妾切不可有艳丽的妆饰。祖宗虽然离我们年代久远了，祭祀却仍要虔诚；子孙即使愚笨，圣贤经典也不可不读。自己生活节俭，以做人的正道来教育子孙。不要贪不属于你的财，不要喝过量的酒。和做小生意的挑贩们交易，不要占他们的便宜；看到穷苦的亲戚或邻居，要关心他们，并且要对他们有金钱或其他的援助。对人刻薄而发家的，绝没有长久享受的道理。行事违背伦常的人，很快就会消亡。兄弟叔侄之间要互相帮助，富有的要资助贫穷的；一个家庭要有严正的规矩，长辈对晚辈言辞应庄重。听信妇人挑拨，而伤了骨肉之情，哪里配做一个大丈夫呢？看重钱财，而薄待父母，不是为人子女的道理。嫁女儿，要为她选择贤良的夫婿，不要索取贵重的聘礼；娶媳妇，须求贤淑的女子，不要贪图丰厚的嫁妆。看到富贵的人，便作出巴结讨好的样子，是最可耻的；遇着贫穷的人，便作出骄傲的态度，是鄙贱不过的。居家过日子，禁止争斗诉讼，一旦争斗诉讼，无论胜败，结果都不吉祥。处世不可多说话，言多必失。不可用势力来欺凌压迫孤儿寡妇，不要贪口腹之欲而任意地宰杀牛羊鸡鸭等动物。

性格古怪，自以为是的人，必会因常常做错事而懊悔；颓废懒惰，沉溺不悟，是难成家立业的。亲近不良的少年，日子久了，必然会受牵累；恭敬自谦，虚心地与那些阅历多而善于处世的人交往，遇到急难的时候，就可以受到他的指导或帮助。他人来说长道短，不可轻信，要再三思考。因为怎知道他不是来说人坏话呢？因事相争，要冷静反省自己，因为怎知道不是我的过错？对人施了恩惠，不要记在心里，受了他人的恩惠，一定要常记在心。无论做什么事，当留有余地；得意以后，就要知足，不应该再进一步。他人有了喜庆的事情，不可有妒忌之心；他人有了祸患，不可有幸灾乐祸之心。做了好事，而想他人看见，就不是真正的善人；做了坏事，而怕他人知道，就是真的恶人。看到美貌的女性而起邪心的，将来报应，会在自己的妻子儿女身上；怀怨在心而暗中伤害人的，将会替自己的子孙留下祸根。家里和气平安，虽缺衣少食，也觉得快乐；尽快缴完赋税，即使口袋所剩无余也自得其乐。读圣贤书，目的在学圣贤的行为，不只为了科举及第；做一个官吏，要有忠君爱国的思想，怎么可以考虑自己和家人的享受？我们守住本分，努力工作生活，上天自有安排。如果能够这样做人，那就差不多和圣贤做人的道理相合了。

吕近溪《小儿语》（并序）

（近溪名得胜，明嘉靖时宁陵人）

　　儿之有知而能言也，皆有歌谣以遂其乐。群相习，代相传，不知作者所自①。如梁宋间，盘脚盘，东屋点灯西屋明之类。学焉②而与童子无补，余每笑之。夫蒙③以养正④，有知识时，便是养正时也。是俚语者固无害，胡为乎习哉。余不愧浅末⑤，乃以立身要务，谐⑥之音声，如其鄙俚⑦，使童子乐闻而易晓焉，名曰《小儿语》，是欢呼戏笑之间，莫非义理⑧身心之学。一儿习之，可为诸儿流布⑨；童时习之，可为终身体认⑩，庶几⑪有小补云。纵无补也，视所谓"盘脚盘"者，不犹愈⑫乎。

　　　　　　　　　　　　　　　沙随近溪渔隐⑬书。

【注释】①自：始；开头，引申为出自。②焉：表示指示，相当于"之"。③蒙：幼稚，暗昧不明。匪我求童蒙，童蒙求我。—《易·蒙》④养正：涵养正道。《易·蒙》："蒙以养正，圣功也。"孔颖达疏："能以蒙昧隐默自养正道，乃成至圣之功。"⑤浅末：肤浅；短浅。⑥谐：从言，皆声。本义：和谐，强调配合得匀称⑦鄙俚：粗野；庸俗，这里当通俗讲。⑧义理：合于一定的伦理道德的行事准则。⑨流布：流传散布。⑩体认：体察认识。⑪庶几：或许，也许。⑫愈：胜过。⑬沙随：地名，在今河南宁陵东北，作者故乡。近溪渔隐，作者号。

【译文】小孩懂点事能说话之后，都会有歌谣来让他们念着玩儿。小孩们在一起学唱歌谣，代代相传，却不知歌谣出自哪个作者之手。比如梁宋年间就有"盘脚盘，东屋点灯西屋明"之类的歌谣。学唱这类歌谣对小孩没有什么用处，我常常笑他们。从孩童时期开始就要涵养正气，有知识的时候，便是涵养正气之时。这样的歌谣俚语本来也没什么害处，但是学习它又有什么用处呢？我不揣浅陋，于是将为人处世最重要的事情配合上音韵，弄得通俗易懂，让小孩子喜欢听而且还容易明白，起名为《小儿语》。这样的话，孩子们在欢呼嬉笑之间，不知不觉全都在学习符合伦理道德的处世准则了。一个孩子学了，就可以传播开来；小时候学习它，终生都会有新的体察和认识，也许有点小小的用处。即使没有什么用处，看看所谓的"盘脚盘"这样的歌谣，不比它强吗？

沙随的近溪渔隐先生手书。

宏谋按：沧浪之歌①，孺子歌耳，孔子叹为自取，且呼小子听之。当是时，不复计其歌之出自孺子也。近溪先生思所以语小儿，而因自为《小儿语》。若规②若刺③，若讽④若嘲⑤，冲口而出，自然成音。小儿闻之，果小儿语也。嗟⑥乎，儿固有不儿时。儿时熟之复之，不儿时思之味之，虽欲终视为小儿语，不可得已。或曰："言之毋乃不文。"夫以小儿语语小儿，亦焉用文为哉？

【注释】①沧浪之歌：见《孟子·离娄上》："有孺子歌曰：'沧浪之水清兮，可以濯吾缨；沧浪之水浊兮，可以濯吾足。'孔子曰：'小子听之，清斯濯缨，浊则濯足矣。自取之也。'"②规：劝告，建议，尤指温和地力劝。③刺：讽刺。④讽：规劝。⑤嘲：嘲笑。⑥嗟：感叹声。

【译文】宏谋按：沧浪之歌，不过是儿童的歌谣罢了。孔子感叹儿童尚且懂得自己选择，就叫年轻人去听一听。那个时候人们就不再计较这支歌谣是出自孩童之口了。近溪先生思考如何把道理说给小孩听，因此自己创作了《小儿语》。既像是建议又像是讽刺，既像是规劝又像是嘲弄，冲口而出，朗朗上口。小孩听了，会觉得果然是小孩自己的语言。啊，小孩总有一天要长成大人。小的时候反复熟悉它，长大之后细细体会它，即使想要始终把它视作小孩的话也做不到。有人说："这个念起来恐怕不够文雅。"以小孩的语言说给小孩听，还需要什么文雅呢？

四言

一切言动，都要安详。十差九错，只为慌张。

【译文】一切言语行为，要稳重，从容不迫；我们出现的差错，大都是由于慌慌张张造成的。

沉静立身，从容说话。不要轻薄，惹人笑骂。

【译文】为人处世要沉着冷静，说话要不急不缓，从容自若平平和和。言语和动作不要轻佻，让人笑话和辱骂。

先学耐烦，快休使气。性燥心粗，一生不济。

【译文】凡事要学会不怕麻烦，不能由着自己的性子来，性格急躁和粗心大意，一生也不会有好的时候。

能有几句，见人胡讲。洪钟无声，满瓶不响。（钟虽大，不撞不鸣。半瓶水，多有声。）

【译文】小孩子年纪轻轻，刚学了一点点道理，还没完全弄明白，见人就胡说乱道，真正有学问，明白道理的人不会这样的。（就像一些风吹草动是不能使洪钟发出声响的，装满的水瓶是不会发出声响的一样。）

自家过失，不消遮掩。遮掩不得，又添一短。（又多了饰非之短。）

【译文】自己有过失，不应该遮盖，遮掩解决不了问题，反而又添了一个过失。

无心之失，说开罢了。一差半错，哪个没有。

【译文】不是故意犯的错误，把情况说清楚就行了，错误哪个人没有呢？

宁好认错，休要说谎。教人识破，谁肯作养。

【译文】应该有好的认错态度，千万不要说假话，说假话让人识破了，谁还肯帮助培养你呢？

要成好人，须寻好友，引酵（音叫。酒母也）若酸，那得甜酒。

【译文】要成为一个有用之人，应该交一些好的朋友，交一些不三不四的人，怎么可能成材呢？酒母如果是酸的，怎么酿出甜酒来呢？

与人讲话，看人面色。意不相投，不须强说。（察言而观色。）

【译文】和人讲话的时候，要注意观察别人的脸色，话不投机，就不必再说下去了。

当面证人，惹祸最大。是与不是，尽他说罢。

【译文】当着人家的面为某种事情提供证明，惹出的麻烦最大，最得罪人，对与不对，随他自己说去吧。

造言起事，谁不怕你。也要提防，王法天理。（王法天理，不怕恶人。）

【译文】制造谣言和事端，谁都会怕你，但是也要记住这样做的后果，要想到还有国家的法律和因果报应的自然规律。

我打人还，自打几下（即是自打）；我骂人还，换口自骂。

【译文】打人骂人，会遭到人家的反驳和还手，就像自己打自己骂自己一样。

既做生人，便有生理。个个安闲，谁养活你。

【译文】既然活着，就应该有一个维生的职业，如果人人都只顾安闲自在，谁来养活你呢？

世间生艺，要会一件。有时贫穷，救你患难。

【译文】世间生活的技能，一定要学会一种，特别是当你贫穷的时候，遇到困难的时候，它会帮助你。

饱食足衣，乱说闲耍。终日昏昏，不如牛马。（牛耕犁，马骑坐，此人在他何用。）

【译文】吃饱喝足穿暖了，胡乱说话，游手好闲，每日稀里糊涂，真还不如马牛哩。

担头车尾，穷汉营生，日求升合，休与相争。

【译文】挑担、拉车的小生意，是穷人谋生的活计，每天挣的很少，不需和他们争利。

兄弟分家，含糊相让。（让要让个明白）子孙争家，厮打告状。（让得不明，亦是争端。）

【译文】兄弟分家，如果含糊相让。到子孙时争夺家产，一定会导致厮打，惹上官司。

强取巧图，只嫌不彀。横来之物，要你承受。（非理所得，岂能常保。）

【译文】凭借强力抢占不属于自己的东西，而且不厌其多，将来必定要遭到意想不到的灾难。

六言

儿小任情骄惯，大来负了亲心。费尽千辛万苦。分明养个雠^①人。

【注释】①雠：音chóu。

【译文】孩子小的时候放纵他，娇惯他，大了以后违背了父母的心愿。真是费尽了千辛万苦，最后养成了一个不孝的子孙，如仇人一般。

世间第一好事，莫如救难怜贫。人若不遭天祸，舍施能费几文。

【译文】世界上最好的事，莫过于救苦救难，扶助贫穷。一个人若能不遭受上天降祸的话（行善积德便可免祸），施舍能花去你几个钱呢？

乞儿口干力尽，终日不得一钱。败子羹肉满桌，喫着只恨不甜。（富家一席酒，贫汉一年粮，不可不知。）

【译文】讨饭的孩子四处讨要口干力尽，最后没得到一文钱；败家之子在满桌美餐面前却还嫌不好吃。

蜂蛾也害饥寒，蝼蚁都知疼痛。谁不怕死求活，休要杀生害命。

【译文】昆虫也害怕挨饿受冻，蚂蚁都知道疼痛，有谁不怕死呢？因此，千万不要干那种杀生害命之事。

自家认了不是，人再不好说你。自家倒在地下，人再不好跌你。

【译文】如果自己承认了错误，别人就不好再批评你了；自己倒在地下了，别人也不好再踢你了。

气恼他家富贵，畅快人有灾殃。一些不由自己，可惜坏了心肠。
（人各有命，嫉妒何益。）

【译文】别人富了自己气恼，别人遭灾心里高兴。这些事丝毫不能由自己决定，可惜白白地让它们坏了自己的心肠。

杂言

老子终日浮水，儿子做了溺鬼。老子偷瓜盗果，儿子杀人放火。
（言为父者，不可开为祸之端。）

【译文】老子对孩子的影响是很大的，上梁不正下梁歪。老子的一切不好的行为, 影响着孩子可能干出更加恶劣的事来。

休著君子下看(俗人下看何妨) 休教妇人鄙贱 (乞墙之类是也)。

【译文】不要让道德高尚的人看不起你, 不要让妇人都鄙夷你。

人生丧家亡身, 言语占了八分。(惟口可恨, 耳目次之。)

【译文】人一辈子出现家破人亡的事, 祸从口出的占了八分, 所以说话伤人也害己。

任你心术奸险, 哄瞒不过天眼。

【译文】人心术要正, 背地里干的一切瞒得了人, 瞒不过天。

使他不辨不难(势服也)。要他心上无言(理服也)。

【译文】能让别人不说话是算不了什么, 要做到让别人打心眼里服气才行。

人言未必皆真, 听言只听三分。

【译文】人们说话不一定都是真话, 听的时候信三分就行了。

休与小人为仇, 小人自有对头。(我且恕他。)

【译文】不要与小人为敌，小人自有做他对头的人。

干事休伤天理，防备儿孙辱你。（远在儿孙近在身。）

【译文】做事情不要伤天害理，要当心报应在儿孙身上，使你受辱。

你看人家妇女，眼里偏好。人家看你妇女，你心偏恼。（凡是要将心比心。）

【译文】你偷看人家妇女心里感觉很好，别人偷看你家妇女你却不高兴。

恶名儿难揭，好字儿难得。

【译文】坏名声很难改过来，要别人夸奖你一句都很难得。

大嚼多噎，大走多蹶。（凡事要小心谨慎。）

【译文】吃得快容易噎着，跑得快容易摔着。

为人若肯学好，羞甚担柴卖草。（颜曾思宪，贫贱无比。）为人若不学好，夸甚尚书阁老。

【译文】如果做人想做个好人，就是担柴卖草也不丢人。如果行为不好，地位再高，职位再大，也没什么可夸耀的。

慌忙到不得济，安详走在头地。

【译文】慌慌张张是不会得到好处的，稳重往往会有所作为。

话多不如话少，话少不如话好。（果不当理，一句也是多的。）

【译文】人说话多不如说话少，说话少不如说与人为善的话。

小辱不肯放下，惹起大辱倒罢。（此受气不过者之通病。若大辱不罢，必到家败身亡。）

【译文】受了一点小的屈辱就忍不下，惹起大的屈辱就会无法收场。

天来大功（莫大的功），禁不得一句自称。（纵使人称，还要谦让，归功于人，才免嫉妒。）海那深罪（莫大的罪），禁不得双膝下跪。

【译文】天大的功劳自己一夸，就使人反感；再深的罪过自己勇于承认，也就容易使人原谅。

一争两丑，一让两有。（虞芮之闲田，亡父之白金。）

【译文】和人发生争执，双方都不好，如果谦让一下，对双方都会有好处。

吕新吾《续小儿语》（有序）

（新吾名坤，近溪子也，明万历朝少司寇。）

　　小儿皆有语，语皆成章，然无谓。先君谓无谓①也，更之，又谓所更之未备也，命余续之。既成刻矣，余又借小儿原语②而演③之。语云教子婴孩，是书也诚鄙俚，庶乎④婴孩一正传哉，乃余窃自愧焉。言各有体⑤。为诸生家言，则患⑥其不文⑦。为儿曹⑧家言，则患其不俗。余为儿语而文，殊⑨不近体，然刻意求为俗弗能。故小儿习先君语如说话，莫不鼓掌跃诵之。虽妇人女子，亦乐闻而笑，最多感发。习余语如读书，謇謇⑩惛惛⑪，无喜听者，拂⑫其所好，而强以所不知，理固宜然。嗟嗟，儿自有不儿时，即余言或有裨⑬施他日万分一。第⑭恐小儿徒⑮以为语，人徒以为小儿语也。无论文俗，总属空谈，虽仍⑯小儿之旧语可矣。先君何庸⑰更，余何庸续且演哉。重蒙养者，其绎思⑱之。

　　【注释】①无谓：没有意义，没什么实际内容。②小儿原语：指其父吕得胜的《小儿语》。③演：延展。④庶乎：犹言庶几乎。近似，差不多。⑤体：规格；法式。⑥患：担忧，忧虑。⑦不文：引申为无文采。⑧儿曹：犹儿辈。⑨殊：很；甚。⑩謇：口吃。⑪惛：糊涂。⑫拂：违背；逆。⑬裨：弥补；补助。⑭第：但。⑮徒：独，仅仅。⑯仍：因袭，依旧。⑰何庸：何用，何须。

⑱绎思：推究思考。

【译文】小孩都会唱歌谣，这样的歌谣已经有完整的形式，但是没什么实际内容。先父认为这样没有意义，于是把它们给改了，又说自己所改的还不完备，叫我继续完成它。改完之后，我又借之前《小儿语》的基础加以扩展。有人说要教育婴孩，这本书确实有点太俗，况且婴孩教育，也是正传，这使我暗自有愧啊。不同的文章有不同的语体，对于各位儒生，需要担心这本书不够文雅，而对于小孩来说，就要担心这本书不够通俗了。我用儿童的语言来写这篇文章，我写给儿童唱的歌谣，却写得过于文雅，这确实不大符合文体的要求，然而要刻意去追求通俗，我也没能做到。所以小孩读先父的文章如同说话一般，没有哪个小孩不拍着巴掌蹦蹦跳跳地就能背诵的，即使是成年妇女也喜欢笑嘻嘻地听着，有很多感悟；读我的文章则如同读书，结结巴巴，糊里糊涂，没有人喜欢听，总觉得违背了他们的喜好，是将一些他们听不懂的东西强加给了他们，这本来也是情理之中的啊。唉唉，孩子总有长大成人的那一天，那就是我的文章也许能对他有一点儿益处之时。但只怕小孩只把这篇文章当做歌谣，而大人也只把这篇文章当做孩子们念着玩儿的歌谣啊。如果这样的话，那么无论文雅还是通俗，都是空谈，要是那样的话，还是沿用过去的儿童歌谣好了，先父何必去改，我又何必来续写呢？重视儿童教育的人要好好想一想其中的道理。

宏谋按：《小儿语》，天籁也，《续小儿语》，人籁也。天籁动乎天机，人籁赝乎人意，婆心益①急矣。

【注释】①益：更加。

【译文】宏谋按：《小儿语》是浑然天成的作品。《续小儿语》是人力精工制作的作品。浑然天成的作品是出于自然的灵性，人力精工制作的作品适合于普通人理解。由此看来，此文的作者更加用心良苦啊。

四言

心要慈悲，事要方便。残忍刻薄，惹人恨怨。

【译文】做人要怀有一颗慈悲的心，做事要尽量与人方便。如果为人残忍刻薄，就会惹来别人怀恨在心。

手下无能（不是故意，只是无才），从容调理。他若有才，不服事你。

【译文】如果遇到手下人无能，要从容不迫地安排、训练他们。他们如果自己本来就有才能的话，也不会在此服侍你的。

遇事逢人，豁绰舒展。要看男儿，须先看胆。（丈夫只怕胆怯气馁。）

【译文】遇事见人要从容大方。看一个人是不是男子汉大丈夫，先要看看他的胆识如何。

休将实用，费在无功。蝙蝠翅儿（扇名，一文钱一把），一般有风。（扇有值三五百两，风也只是如此。）

【译文】不要将实实在在的东西花费在没有意义的地方。便宜的扇子和昂贵的扇子扇出来的风都是一样的。

一不积财，二不结怨。睡也安然，走也方便。

【译文】一不聚敛钱财，二不与人结怨。这样睡也睡得安稳，走路也走得坦然。

要知亲恩，看你儿郎。（你看儿郎何如，便知亲看你何如。）要求子顺，先孝爷娘。（你不孝顺父母，你儿照你样行。）

【译文】要想知道父母是怎么疼你的，看看你是怎么疼自己的孩子就知道了。要想让孩子孝顺，先要孝顺自己的爹娘，好给孩子做出榜样。

别人情性，与我一般。时时体悉，件件从宽。

【译文】别人和我一样，也是有脾气的。要常常想到这一点，凡事不要太计较。

都见面前，谁知脑后，笑着不觉，说着不受。

【译文】人们都只看见别人当着自己面时的表现，谁知道转过身别人会说什么。他们笑你或是说你，你都不会知道。

人夸偏喜，人劝偏恼。你短你长，你心自晓。（夸你是真是假，劝你是好是歹。）

【译文】一听到别人的夸奖就高兴，一听到别人的规劝就生气。但你有什么优势和不足，你自己心里应该明白。

卑幼不才，瞒避尊长。外人笑骂，父母夸奖。

【译文】幼小的时候就做出丢脸的事，瞒着家中尊长不说。结果招致了外人的耻笑和辱骂，不知情的父母却还在夸奖。

仆隶纵横，谁向你说。恶名你受，暗利他得。

【译文】家里的仆人在外面横行霸道，谁会告诉你呢？坏名声落到你头上，他却得到了暗地里的好处。

从小做人，休坏一点。覆水难收，悔恨已晚。（立身一败，万悔难追。）

【译文】从小就要谨慎注意，不要在为人处世的事情上做错哪怕一点点，泼出去的水收不回来，要想悔恨就晚了。

贪财之人，至死不止。不义得来，付与败子。（货悖而入者，亦悖而出。）

【译文】贪财的人一辈子都在敛财，至死方休。这种人通过各种不义手段取得的财富，最后往往都是落在了败家子的手上。

都要便宜，我得人不（人己无得之理）。亏人是祸，亏己是福。

【译文】都想要占便宜，我得到那别人就没有了。让别人吃亏会招来祸害，让自己吃点亏是福气。

怪人休深；望人休过。省你闲烦，免你暗祸。（怪人深，则祸必不测，望人过，则心必不遂。）

【译文】责怪别人的时候不要太过分，对别人抱有希望的时候也不要太过，省得你将来失望，也使你免于受到祸患。

正人君子，邪人不喜。你又恶他，他肯饶你。（人而不仁，疾之已甚，乱也。）

【译文】为人过于刚直耿介，不正派的人不喜欢你。如果你又表露出嫌恶他的样子，他怎么会放过你呢？

好衣肥马，喜气扬扬。醉生梦死，谁家儿郎。

【译文】穿漂亮衣服骑好马，喜气洋洋。醉生梦死啊，那是谁家的年轻人？

今日用度，前日积下。今日用尽，来日乞化。（人生福分，都有定数。辟如一石粮食，一日一升，吃一百日。一日一斗，只吃十日。一日一石，只吃一日。自然之理。）

【译文】今天的花销都是以前积攒下来的，今天用完了，明天就得去乞讨度日。

无可奈何，须得安命。怨叹燥急，又增一病。

【译文】碰到无可奈何的事，要安于命运。如果总是抱怨叹息急躁，只会烦恼而死。

仇无大小，只怕伤心。恩若救急，一芥千金。

【译文】结仇无所谓大小，最怕是结下了伤害人心的仇恨。救人于危急时的恩德，即使很小也价值千金。

自家有过，人说要听。当局者迷。旁观者醒。

【译文】自己有过错的时候，别人的看法要耐心听取。当局者迷失茫然，冷眼旁观者却是清醒的。

丈夫一生，廉耻为重。切莫求人，死生有命。

【译文】男子汉大丈夫，一辈子最看重廉耻二字。遇到事情千万不要轻易向人求助，生死自有命运来安排。

要甜先苦，要逸先劳。须屈得下，才跳得高。（惟忍乃克有济。）

【译文】要想尝到甜头，得先能够吃苦。只有先放下身段，才能跳

吕新吾《续小儿语》（有序）

119

得更高。

白日所为，夜来省己。是恶当惊，是善当喜。

【译文】白天有什么所作所为，晚上要反省自己。做了坏事要警醒自己，做了好事可以高兴一下。

人誉我谦，又增一美。自夸自败，还增一毁。

【译文】别人夸奖我的时候我更加谦虚，这又为我增加了一个优点。如果自我吹嘘，一定会露出马脚，反而给了别人一个诋毁我的机会。

害与利随，祸与福倚。只个平常，安稳到底。

【译文】害处总是紧跟着好处而来，祸患总是与福气相互依存。只有平平常常地过日子，才能安安稳稳走到最后。

怒多横语，喜多狂言。一时褊急，过后羞惭。

【译文】大怒时常常说出粗暴的话，得意忘形时常常说出狂妄的话。当时不注意克制，行为偏激，过后自己总是感到羞愧。

人生在世，守身实难。一味小心，方得百年。

【译文】人生在世，保持节操实在不容易。一直很小心谨慎，才能保持晚节直到最后。

慕贵耻贫，志趣落群。惊奇骇异，见识不济。

【译文】美慕显贵的人，瞧不起贫贱的人，这样的志趣与俗人无异。看到什么不一样的事物就大惊小怪，这是见识不够。

心不顾身（多欲损身），口不顾腹（多食伤腹）。人生实难，何苦纵欲。

【译文】满足心中的欲望会伤害身体，满足口中的欲望，肚子又受不了。人生实在是不容易，何苦要放纵自己的欲望。

才说聪明，便有障蔽。不著学识，到底不济。

【译文】刚刚被夸奖聪明，立刻就遇到了不明白的地方。没有学识到底是不行的。

威震四海，勇冠三军。只没本事，降伏自心。（非制人之难，而自治之难。非任气之难，而循理之难。）

【译文】很多人能做到威震四海、勇冠三军，但他们却没有办法降服自己的心。

矮人场笑，下士涂说。学者识见，要从心得。

【译文】矮人逢场卖笑，下等人道听途说。而学习的人见解要从自己的心中流出才行。

读圣贤书，字字体验。口耳之学，梦中吃饭。

【译文】读圣贤所著的书，要字字用心体验。口头传授、耳朵听来的知识犹如梦中吃饭一样虚无。

男儿事业，经纶天下。识见要高。规模要大。

【译文】男子汉大丈夫的事业，是要经纶天下。见识要高，气度要大。

待人要丰，自奉要约。责己要厚，责人要薄。

【译文】对待别人要大方，供给自己要简单。自我批评时要严格，批评别人时要宽和。

一饭为恩，千金为仇。薄极成喜，爱重成愁。

【译文】一饭之恩可能被人念念不忘，大量财富却可能带来仇怨。对物质冷淡是好事，过分珍惜就会成为麻烦。

鼷鼠杀象，蜈蚣杀龙（人休忽微）。蚁穴破堤，蝼孔崩城（事休忽小）。

【译文】小小的鼷鼠能杀死大象，小小的蜈蚣能杀死龙。蚂蚁窝能使大堤溃破，蝼蚁钻的洞能导致城池崩塌。

意念深沉，言辞安定。艰大独当，声色不动。

【译文】想法要深藏不露，说话要安详坚定。面临困难艰巨的事情自己的一力承担，声音脸色都不要有什么变化。

相彼儿曹，乍悲乍喜。小事张皇，惊动邻里。（有识有度，方是大器。）

【译文】看看那些年轻人，一会儿悲伤一会儿高兴，有点小事就张皇失措，惊扰左邻右舍。

分卑气高，能薄欲大。中浅外浮，十人九败。

【译文】地位低下而眼界很高的人，能力小而欲望大。内涵浅薄，外表浮华，十个有九个要失败的。

坐井观天，面墙定路。远大事业，休与共做。

【译文】坐井观天，面墙定路。远大的事业不能和这样的人一起去做。

冷眼观人，冷耳听语。冷情当感，冷心（定静沉潜之谓）思理。

【译文】冷静地看待别人，冷静地听取别人的意见。冷静地去感受，沉下心来去思考。

理可理度，事有事体。只要留心，切莫任己。

【译文】道理可以用道理来衡量，事情有事情应有的准则。只要留心，千万不要放任自己。

六言

修寺将佛打点，烧钱买免神明。灾来鬼也难躲，为恶天自不容。
（鬼神原不卖福。修寺烧钱何益。人能作善修德，万福百祥自集。）

【译文】修建寺庙希望能够贿赂神佛，烧纸钱希望能够买通神明免罪。但其实灾难来的时候鬼也很难躲开，作恶多端老天也不会放过。

贫时怅望糟糠，富日骄嫌甘旨。天心难可人心，那个知足饿死。

【译文】穷的时候连想吃糟糠都难，富裕的时候却连美食也挑挑拣拣。老天很难满足人的贪欲，哪个懂得知足的人会饿死呢？

苦甜下咽不觉，是非出口难收。可怜八尺身命，死生一任舌头。
（昔人云："病从口入，祸从口出"。）

【译文】吃东西是苦是甜吞下去就感觉不到了，但是非一旦脱口而出，所造成的影响就很难收回。可怜堂堂八尺汉子的身家性命，是生是死全挂在自己的舌头上。

因循惰慢之人，偏会引说天命。一年不务农桑，一年忍饥受冻。（万事尽了心力，然后听天任命。）

【译文】一味懒惰散漫的人，偏偏会拿命运来为自己开脱。但其实如果一年不事农桑，这一年就会忍饥受冻。

天公不要房住，神道不少衣穿。强似将佛塑画，（求福免祸心切，只是贿赂神明，大家都说行善，不知此心为神乎，为己乎？行善乎？行利乎？）不如救些贫难。（这却是善事，又不肯为。彼善事上官忘情民瘝者，何以异此。）

【译文】老天爷不需要房子住，神明们不缺少衣服穿。勉强为佛塑像画像，不如帮助一些贫穷困苦的人。

世上三不过意，王法天理人情。这个全然不顾，此身到处难容。

【译文】世上有三样是必须要看重的，就是王法、天理和人情。为人处世如果对这三者不管不顾，那么这个人什么地方都很难容下他。

责人丝发皆非，辨己分豪都是。盗跖千古元凶，盗跖何曾觉自。

【译文】指责别人的时候，把别人说得全都是错的；为自己辩解的时候，把自己说得全都是正确的。盗跖是千古元凶，但他自己并不觉得。

柳巷风流地狱，花奴胭粉刀山。丧了身家行止，落人眼下相看。

【译文】花街柳巷这样的风流之处无异于地狱，烟花脂粉像刀山一样厉害。失去了财产和尊严，终会落得被人瞧不起。

只管你家门户，休说别个女妻。第一伤天害理，好讲闺门是非。（此天下之大恶也，他若是实，与你何干。倘若诬枉，甚于杀人。）

【译文】把你自己家的事情管好就行了，不要去说别人家妻女的闲话。天下第一等伤天害理的事情就是喜欢讲别人家庭的是是非非。

人侮不要埋怨（只当宽解），人羞不要数说（只当回护），人极不要跟寻（只当放松），人愁不要喜悦（只当忧念）。

【译文】别人遭受侮辱你不要再埋怨他，别人有什么羞耻的事情你不要传播。别人位高权重你不要去追随，别人愁苦的时候你不要幸灾乐祸。

大凡做一件事，就要当一件事。若还苟且粗疏，定不成一件事。

【译文】做一件事就要当做一件事。如果马马虎虎、粗心大意，一定连一件事都做不成。

少年志肆心狂，长者言之偏恼。你到长者之时，一生悔恨不了。

【译文】年青人年少轻狂，年长者说他他还生气。等你自己年纪大了，一定会对自己过去的人生悔恨不已。

改节莫云旧善，自新休问昔狂。贞妇白头失守，不如老妓从良。

【译文】改节再嫁之后就不要再说自己过去如何贞淑，改过自新之后就不要再追查曾经的过错。贞洁烈妇上了年纪之后不再守贞，世人对此的评价还不如年老的妓女晚年从良。

自家痛痒偏知，别个辛酸那觉。体人须要体悉，责人慎勿责苛。

【译文】自己的痛痒自己知道，别人的辛酸你哪里会有体会呢。体谅人一定要体谅完全，指责人要谨慎，不要过于苛刻。

快意从来没好，拂心不是命穷。安乐人人破败，忧勤个个亨通。

【译文】放肆地随心所欲从来不会有好结果，遇事不称心也不是命运不济。安于现状，一味追求快乐，最后都会家道中落；不满足现状，勤劳发奋的人个个都将通达顺利。

儿好何须父业，儿若不肖空积。不知教子一经，只要黄金满室。

【译文】孩子争气哪里还需要父亲的家业，孩子如果不成才，积蓄再多也终将被他白白断送。有些人连一部经典都不懂得要教孩子去学习，却只知道不断地积累财产。

君子名利两得，小人名利两失。试看往古来今，惟有好人便益。

【译文】道德高尚的人可以做到名利双收，卑鄙的人名和利都会失去。不信就请看看，从古至今，只有好人能够最终得到好处。

厚时说尽知心，隄防薄后发泄。恼时说尽伤心，再好有甚颜色。

【译文】双方关系好的时候所说的知心话，要提防对方在关系不好时全部发泄出来。一时气愤说的全是刺痛人心的话，还有什么颜面再重新和好呢？

事到延挨怕动，临时却恁慌忙。除却差错后悔，还落前件牵肠。

【译文】事情刚开始的时候拖拖拉拉怕动手，临结束时却总是这样慌忙。除了会发生差错，做出后悔之事，还会为之前没做完的事牵肠挂肚。

往日真知可惜，来日依旧因循。若肯当年一苦，无边受用从今。

【译文】看起来好像真的知道了已逝的时光是多么值得珍惜，但回头仍是老样子。当年如果愿意吃一点苦，现在就会享受得多了。

东家不信阴阳，西家专敬风水。祸福彼此一般，费了钱财不悔。

【译文】有的人不相信阴阳风水与吉凶祸福有关，有的人特别相信。实际生活中他们所受到的祸福都差不多，那些人在阴阳风水上面白白花掉许多钱财却不知道后悔。

德行立身之本，才识处世所先。孟浪痴呆自是，空生人代百年。

【译文】德行是为人的根本，才能学识是处世最首要的东西。鲁莽放浪蠢笨却还自以为是的话，那就白白活了这一辈子。

谦卑何曾致祸，忍默没个招灾。厚积深藏远器，轻发小逞凡才。

【译文】谦卑什么时候都不会招致祸患，忍耐沉默从来不会带来灾难。厚积深藏含而不露的人往往是前途无量干大事业的人，轻易逞能的人只不过是庸才。

俭用亦能够用，要足何时是足。可怜惹祸伤身，都是经营长物。

【译文】节俭地使用也够用了，要想满足所有的欲望什么时候才能满足得了呢？可怜那些惹来灾祸伤害了自己的人啊，都是因为他们谋划了过大的事物。

未来难以预定，算够到头不够。每事常余二分，那有悔的时候。

【译文】未来的事情难以预料，原先计算是够的，到头来却不够。做事情经常留出两分余地，就不会有后悔的时候。

火正灼时都来，火一灭时都去。炎凉自是通情，我不关心去住。

【译文】情况好的时候人们都聚拢来了，情况不好的时候人们都各自散去。世态炎凉是人之常情，我不关心别人对我是疏远还是亲近。

何用终年讲学，善恶个个分明。稳坐高谈万里，不如蹎踔（音趁卓。跛者行也）一程。

【译文】何必终年讲学说教，善恶人们都很清楚。稳稳地坐着高谈阔论，不如跌跌撞撞地亲自走上一程。

万古此身难再，百年展眼光阴。纵不同流天地，也休涴（汙也）了乾坤。

【译文】一万年之后我们的身躯都将不复存在，一百年也不过是眨眼之间的事情。即使不能与天地共存，也不要玷污了天地。

世上第一伶俐，莫如忍让为高。进履（张良）结袜（张释之）胯下（韩信），古今真正人豪。

【译文】世上最聪明的事，莫过于忍让。汉代张良替桥下老人拾履，西汉张释之帮老人将袜子扎紧，汉初韩信忍受胯下之辱，像他们一样的人才是古今真正能成就大事业的人。

学者三般要紧，一要降伏私欲，二要调驯气质，三要跳脱习俗。

【译文】学习的人有三件需要注意的事情，一是要压制自己的欲望，二是要拓宽自己的胸襟气度，三是要跳出常人的见识。

百尺竿头进步，钻天巧智多才。饶你站得脚稳，终然也要下来。

【译文】百尺竿头还想再前进一步，聪明伶俐得能上天入地。即使你站得再稳，最终还是要退下来。

莫防外面刀枪，只怕随身兵刃。七尺盖世男儿，自杀只消三寸。（此有无穷之味，爱身者当自得之。）

【译文】无须防范外面的刀枪，只怕随身所带的刀刃。堂堂七尺男子汉，用三寸长的舌头就可以了结自己的性命。

杂言

创业就创干净，休替子孙留病。（只图眼前便宜，却忘日后反复，子孙必受其害。）

【译文】创下基业就要创个干净，不要为子孙留下什么隐患。

童生进学喜不了，尚书不升终日恼。（始终是一个人，人心有甚尽足。）

【译文】童生能够录取入府读书就高兴不已，而有的人已经做到了尚书，官职再也升不上去，仍然整天烦恼。

若要德业成，先学受困穷。若要无烦恼，惟有知足好。若要度量长，先学受冤枉。若要度量宽，先学受懊烦。

【译文】如果想要德业有所成就，先要学习忍受困顿贫穷。如果想要没有烦恼，只有知足常乐才行。如果想要度量长，先要学会忍受被冤枉。如果想要度量宽，先得学会忍受懊丧烦恼。

十年无菽粟，身亡；十年无金珠，何伤。

【译文】十年不吃粮食一定会死去，十年没有金银财富哪会有什么损失呢？

事只五分，无悔。味只五分，偏美。

【译文】做事不做过头，就不致后悔。味道只尝一半，就觉得十分美。

老来疾痛，都是壮时落的。衰后冤孽，都是盛时作的。

【译文】年纪大的时候的病痛都是年轻时落下的病根。衰败后遭受的痛苦都是气焰正盛时作的。

见人忍默偏欺，忍默不是痴的。

【译文】看到别人忍耐沉默就去欺负，你要知道忍耐沉默不代表他是个傻子。

鸟兽无杂病，穷汉没奇症。

【译文】野生野长的鸟兽没有各种小病，穷人没有各种奇怪的病症。

闻恶不可就恶，恐替别人泄怒。（焉知非小人借我出气。）

【译文】听到有人说你坏话，不可马上报复，因为可能上别人的当，恰好替别人发泄愤怒。

休说前人长短，自家背后有眼。

【译文】不要说前面的人有什么不好，你自己的背后也有别人在盯着评价你。

湿时捆就，断了约儿不散。小时教成，殁了父兄不变。

【译文】湿的时候捆好的绳子，绳子即使断了也不散开。孩子从小就受到了良好的教育，即使父兄都去世之后也不会改变。

说好话，存好心。行好事，近好人。

【译文】为人处世要说善意的话，心存善意，做好事，亲近好人。

算计二著现在，才得头着不败。（凡事都留后门，有救性。此万全之道。）

【译文】下棋时只有先算计好第二着，才能使头着不败。

君子口里没乱道，不是人伦是世教。

【译文】道德高尚的人不会胡乱说话，他们不是谈论伦理道德就是谈论世俗教训。

君子脚跟没乱行，不是规矩是准绳。

【译文】道德高尚的人不会胡乱行动，不是合乎规矩就是合乎准绳。

君子胸中所常体，不是人情是天理。

【译文】道德高尚的人心里所常常想着的，不是人情就是天理。

好面上灸个疤儿，一生带破。白衣上点些墨儿，一生带浼（叶乌卧切）。

【译文】好好脸上烫个疤，一辈子就会带着这个伤疤。雪白的衣服上面点些墨汁，一生都会带着这样的污点。

恩怕先益后损（则恩反为仇，前功尽弃），威怕先松后紧。（则管束不下，反招怨怒）。

【译文】恩惠一开始多后来减少，惩罚一开始松后来紧，这样做都是最不好的。

饥可使耐（过饥伤胃）。饱勿使再（过饱伤脾）。

【译文】饿了可以忍耐一会，已经吃饱就不能再吃了。

热勿使汗（汗则腠理泄而招风寒），冷勿使颤（音战，颤则肌肤闭而郁火）。

【译文】天热时尽量不要让自己出汗，天冷时尽量不要让自己冻着。

未饥先饭，未迫先便。（便，大小便也。此遇忙事久事，不可不知。）

【译文】还没饿的时候可以先吃一点儿，还没有便意的时候可以先去"方便"一下。

久立先养足，久夜先养目。

【译文】要长久站立，得先保养好脚；要长久熬夜，得先保养好眼睛。

清心寡欲（火不动而水常足，则血无耗。），不服四物。省事休嗔，（形不劳而怒不动，则气无损。）不服四君。

【译文】清心寡欲，不需要使用四方出产的物品；不惹事不发怒，身体自然健康，不需要服食"四君子"之类的草药。

酒少饭淡（无厚味湿热以生痰火），二陈没干。慎寒谨风（无外感贼邪以入肌肤），续命无功（此务本而修内之意。天德王道，皆不外此）。

【译文】少喝酒，饮食清淡，那么就不需要吃二陈汤这样的药物。小心不要被风吹受寒，那么就不需要在手臂上系彩丝来避灾延寿。

线流冲倒泰山，休为恶事开端。(不止祸始休开，便是福端亦慎，福端即祸始也。)

【译文】像线一样细的流水最终能够冲倒泰山，不要有做坏事的开端。

才多累了己身，地多好了别人。(智者求拙求少求下求后求迟，此天下之妙道也。)

【译文】过多的才华会连累自己，过多的田地只会让别人得到了好处。

白首贪得不了，一身能用多少。

【译文】头发都白了还在贪婪地敛财不止，自己能花掉多少?

趁心休要欢喜，灾殃就在这里。

【译文】称心如意的时候不要高兴得太早，灾祸的萌芽就在这里。

未须立法，先看结煞。(立了行不得，怎么收拾。)

【译文】还没有决定使用什么方法的时候，要先想想结果会怎样。

休与众人结仇（众怒难犯），休作公论对头（公道难容）。

【译文】不要与大多数人结仇，不要和舆论作对。

做第一等人，干第一等事，说第一等话，抱第一等识。

【译文】要做最值得做的人，做最值得做的事，说最值得说的话，拥有一流的见识。

欺世瞒人都易，惟有此心难昧。

【译文】要想蒙骗世人都很容易，只有自己的心最难欺骗。

暗室虽是无人，自身怎见自身。（背地为一不善，自家见自家也羞。）

【译文】暗室之中虽然没有其他人在场，但自己怎么有脸面对自己呢？

兰芳不厌谷幽，君子不为名修。

【译文】兰草的芳香发自天性，从不弃嫌山谷的幽静。君子不是为了虚名才修身养性。

触龙耽怕，骑虎难下。

【译文】和龙打交道就免不了担惊受怕，骑着老虎就很难收场。

焚结碎环，这个不难。解环破结，毕竟有说。

【译文】烧掉纽结，打碎玉环，这么做并不难。而脱下玉环，解开纽结，这里面就有说道了。

无忽久安，无惮初难。

【译文】做事情不能不考虑到长久的安身之道，不要刚遇到困难就心生畏惧。

处世怕有进气，为人怕有退气。

【译文】处世最怕过于激进，做人最怕灰心退缩。

乘时如矢，待时如死。

【译文】把握机会要像射出的箭一样迅速，等待时机要像死了一样耐心。

毋贱贱，毋老老，毋贫贫，毋小小。

【译文】不要看不起地位低下的人，不要怠慢了老人；不要轻视贫穷的人，不要小看年幼的人。

同困相忧，同亨相仇。

【译文】同处于困顿之中的人们容易互相体恤，同时顺利取得成功的人们却往往互相为敌。

欲心要淡，道心要艳。

【译文】欲望之心要淡泊，求道之心要浓烈。

上看千仞，不如下看一寸。前看百里，不如后看一屣。

【译文】向上看千仞的山峰，不如低头看好脚下的每一寸土地。向前看一百里，不如向后回顾走过的路。

将溢未溢，莫添一滴。将折未折，莫添一搦。

【译文】满了快要流出来还没流出来的时候，不要再增添一滴。快要断还没断的时候，不要再多去折一下。

无束燥薪，无激愤人。

【译文】不要去捆扎干燥的柴，不要去刺激愤怒的人。

辩者不停，讷者若聋。辩者面赤，讷者屏息。辩者才住，讷者一句。辩者自惭，讷者自谦。

【译文】喜好辩论的人不停地说，木讷的人像聋了一样，一点儿也没听进去。喜好辩论的人脸都红了，木讷的人不出声。辩论的人刚刚停下来，木讷的人只说了一句。于是喜好辩论的人感到了惭愧，木讷的人仍然不骄不躁。

积威不论从违（刑驱势迫，貌从心违。），积爱不论是非（溺爱者不明）。

【译文】强大的威势不管人们服从还是不服从它，过分的溺爱不管是非曲直。

一子之母余衣，三子之母忍饥。（越少越专，越多越攀。专者没的推托，攀者大家耽闲。）

【译文】一个孩子的母亲还有多余的衣服，三个孩子的母亲就得忍饥挨饿。

世情休说透了，世事休说够了。

【译文】人情世故不要说得太透了伤感情，世上的事情不要说得太多，会失言。

盼望也不来，空劳盼望怀（无外慕之心）。愁惧也须去，多了一愁惧（有顺受之意）。

【译文】有些事情，你盼望它也不来，白白盼望一场。有些事情，你忧愁惧怕也必须得去面对，白白多了一番忧愁惧怕。

贪吃那一杯，把百杯都呕了。舍不得一金，把千金都丢了。

【译文】贪图多喝一杯酒，结果把之前的一百杯都吐了出来。舍不得花费一点点钱，结果失去了许多钱。

怪人休怪老了（反不怕怪，你奈他何），爱人休爱恼了，（劝他太苦，反惹后言。）

【译文】责怪别人别让他听多了反而变得充耳不闻，反应迟钝。爱护别人别把他反而惹烦了。

侵晨好饭，算不得午后饱。平日恩多，抵不得临时少。（施恩要有终有节。）

【译文】清晨好好吃一顿，也不能算作是中午吃的。平日里的恩惠很多，也不能抵消一时的少。

祸到休愁（徒愁何益）。也要会救。（救得一分是一分。）福来休喜。也在会受（空喜则福可为灾，能受则福且未艾）。

【译文】灾祸来临不要发愁，也要会补救。好事降临不要高兴得太早，也要学会承受。

不怕骤，只怕辏。不怕一，只怕积。

【译文】不怕事发突然，只怕事情都聚在了一堆。不怕单个的事物，只怕堆积在一起的东西。

声休要太高，只是人听的便了。事休要做尽，只是人当的便好。（此亦有余不尽之意。）

【译文】声音不要太大，别人能听见就行。事情不要做得太绝，别人能承受就行。（这也是留有余地的意思。）

要吃亏的是乖，占便宜的是呆。

【译文】肯吃亏其实是聪明的，喜欢占便宜的人才是呆子。

雨后伞，不须支。怨后恩，不须施。

【译文】雨停了就不必再打开雨伞。已经结下仇怨之后就不必再施恩于人。

人欺不是辱，人怕不是福。

【译文】别人欺负你不算什么耻辱，别人害怕你也不是什么好事情。

刚欲杀身不顾（气），柔欲杀身不悟（酒色财）。

【译文】刚硬带来的杀身之祸让人很难反省,享乐带来的杀身之祸让人至死不悟。

当迟就要宁耐,当速就要慷慨。

【译文】应该慢点做的事情就要耐心,应该快点做的事情就要赶快去做。

回顾莫辞频,前人怕后人。

【译文】回头反省自己不要嫌次数多。前面的人要注意后人会怎么评价自己。

歇事难奋,玩民难振。

【译文】停歇下来的事情很难再干起来,贪玩的人很难再振作起来。

穷易过,富难享。宁受疼,莫受痒。

【译文】穷日子容易过,享受富贵日子却会遇到种种问题,宁可忍受疼痛,也受不住瘙痒。

一向单衫耐得冻,乍脱棉袄冻成病。

【译文】一直以来都穿单薄衣服，所以能够耐得住寒冷，忽然一下脱掉棉袄就会冻出病来。

无医枯骨，无浇朽木。

【译文】已死之人就不必再治疗，已朽之木也不必再为它浇水。

陆桴亭《论小学》

（桴亭名世仪，明末太仓人。）

宏谋按：古人之论小学详矣，此特提其要而切言之。见人材之成，未有不自幼时始者。诸凡正本清源①，防微杜渐②，以至随时引掖③，俾习与智长，化与心成，胥④可见之施行，而不为迂远⑤阔情之论。故特载之终篇，以当是书总汇。至其论读书法，以三十年计，条分三节，自童子始，因并附载⑥焉。

【注释】①正本清源：从根源上进行整顿清理。②防微杜渐：在错误或坏事刚萌发时，就加以制止，不使其发展。③引掖：引导扶持。④胥：都；皆。⑤迂远：犹迂阔。不切合实际。⑥附载：附记；附带录入。

【译文】宏谋按：古人论小学的文章已经很详尽了，这里提出其中重要而切要的来谈。见到人才的养成，没有不是从幼小时开始培养的。这些内容都是有助于正本清源、防微杜渐，以至于能随时作为引导，使年轻人随着心智的成长，良好的行为习惯和性格也随之形成。这些在这里都可以得到落实，而没有空谈一些不合实际的理论。所以特别书写在最后终篇，来当做这部书的总汇。至于论读书的方法，以三十年计算，列举分为三节，从儿童开始，因此一并附带录入。

古者八岁入小学，十五入大学，此自是正理^①。然古者人心质朴^②，风俗淳厚^③，孩提至七八岁时，知识^④尚未开。今则人心风俗，远不如古。人家子弟，至五六岁，已多知诱^⑤物化矣。又二年而始入小学，即使父教师严，已费一番手脚^⑥。况父兄之教，又未必尽如古法乎？故愚谓今之教子弟入小学者，决当自五六岁始。

【注释】①正理：正当的道理。②质朴：朴实淳厚。③淳厚：敦厚质朴。④知识：指辨识事物的能力。⑤知诱：谓为物欲所诱导。《礼记·乐记》：“好恶无节於内，知诱於外，不能反躬，天理灭矣。”郑玄注：“知，犹欲也。”⑥手脚：气力；心力。

【译文】古代八岁入小学，十五入大学，这自然是正常之理。然而古代人心质朴，风俗淳厚，小孩子到七八岁时，辨别事务的能力尚未打开。今天人心与风俗，远远不如古代。一般人家的子弟，到五六岁，大多已经为物欲所诱惑了。再过二年才入小学，即使父亲教导老师严厉，已经相当费力，何况父兄的教育，又未必都能符合古代的教法呢。所以我说今天教子弟入小学，应当从五六岁开始。

小学之书，文公所集备矣。然予以为古人之意，小学之设，是教人由之；大学之道，乃使人知之。今文公所集，多穷理之事，近于大学。又所集之语，多出四书五经，读者以为重复。且类引多古礼^①，不谐今俗。开卷多难字，不便童子。此小学所以多废也。愚意小儿五六岁时，语音未朗，未能便读长句，窃欲仿明道^②之意，采择^③《礼经》中曲礼^④幼仪，参以近礼，斟酌^⑤古今，择其可通行^⑥者，编成一书。或三字，或五字，节为韵语，务令易晓，名曰《节韵幼仪》，俾之即读即教。如“头容直”，即教之端正头项；“手容恭”，即教之整齐手足。合下^⑦便教他知行并进，似于造就人材之法，更为容易。（集内采陈北溪

《小学诗礼》即此意。）

【注释】①古礼：古时的礼制。②明道：宋程颢的私谥。颢死后，文彦博题其墓曰明道先生之墓。③采择：选用。④曲礼：《仪礼》的别名。⑤斟酌：犹思忖；思量。⑥通行：通用；流行。⑦合下：即时；当下。

【译文】小学的书，朱文公所搜集的已经很完备了。然而我认为古人的意思，小学的设立，是教育人遵循什么；大学的任务，才是使人知道什么。今天文公所搜集的书籍，多是探究性理方面，近似于大学。又加上所汇集的语录，多出自四书五经，读者认为重复。况且多引用古代的礼制，与今天的风俗习惯不协调，开篇难字多，不便于小孩子阅读。这些文公所搜集的篇目是在今天小学学习多被废止的原因。在下的意思小孩五六岁时，声音不清朗，不能就此就读长句子，我想仿照程颢的意思，采用《礼经》中《曲礼》、《幼仪》，参考近代礼制，思量古今，选择其中可以通用的部分，编成一本书，或三字一句，或五字一句，每节都有的韵脚，务必让他们通晓。名字叫《节韵幼仪》，使之能边读边教。如"头容直"，即教他们端正头脖颈；"手容恭"，即教他们整齐手足。当下就教他知行并进，似乎于造就人才的方法，更为容易。

礼乐不可斯须①去身。古人教人，自幼便教他礼乐，所以德性②气质③，易于成就。今人自读书外，一无所事，不知礼乐为何物，身子从幼便骄惰④坏了。愚意自《节韵幼仪》外，更欲参酌⑤古今之制，辑冠、婚、祭及乡饮⑥、乡射⑦诸礼为礼书，丧礼不可豫⑧习，拟另辑为一卷，俾学者居丧时读之。文庙乐舞，及宴饮、升歌⑨、诸仪为乐书。俾童子十数岁时，仍读四书。兼习书数⑩，暇日则序⑪一处，教升歌习礼，如古人舞勺⑫舞象⑬之类，务使之郁郁彬彬⑭，则涵养气质，熏陶德性，或可不劳而致。

【注释】①斯须：须臾；片刻。《礼记·祭义》："礼乐不可斯须去身。"郑玄注："斯须，犹须臾也。"②德性：指人的自然至诚之性。③气质：指人的生理、心理等素质，是相当稳定的个性特点。④骄惰：亦作"骄堕"。骄纵怠惰。⑤参酌：犹言参考；酌定。⑥乡饮：古代嘉礼之一。指乡饮酒礼。⑦乡射：古代射箭饮酒的礼仪。乡射有二：一是州长春秋于州序（州的学校）以礼会民习射，一是乡大夫于三年大比贡士之后，乡大夫、乡老与乡人习射。《周礼·地官·乡大夫》："退而以乡射之礼五物询众庶。"孙诒让正义："退，谓王受贤能之书事毕，乡大夫与乡老则退各就其乡学之庠而与乡人习射，是为乡射之礼。"秦汉以后，亦有仿行。⑧豫：预。⑨升歌：谓祭祀、宴会登堂时演奏乐歌。⑩书数：六艺中的六书、九数之学。⑪序：依次序排列。⑫舞勺：谓古代儿童学文舞。《礼记·内则》："十有三年，学乐，诵诗，舞勺。成童，舞象，学射御。"孔颖达疏："舞勺者，熊氏云：'勺，籥也。'言十三之时，学此舞勺之文舞也。"⑬舞象：学象舞。象舞，武舞。古代成童所学。⑭郁郁彬彬：文质兼备貌。清王韬《六合将混为一》："故草昧之世，民性睢睢盱盱，民情浑浑噩噩……未几而变为忠质异尚之世，且未几而变为郁郁彬彬之世。"

【译文】礼乐不能片刻丢弃。古人教育人，自幼就教他礼乐，所以德性和气质，容易成就。今天的人自读书之外，一无所学，不知礼乐为何物，身子从小就矫情懒惰坏了。我的意思是从《节韵幼仪》之外，更想参考古今的礼制，编辑冠、婚、祭及乡饮、乡射等礼制为礼书，丧礼不能预习，打算另辑一卷，使学者居丧时阅读。文庙乐舞，以及宴饮、升歌等仪式做成乐书，使儿童十多岁时，仍读四书，再兼修习六书、九数之学。闲暇日则列队在一处，教他们升歌学习礼仪，如古人文舞武舞之类，务必使他们文质兼备。那么涵养气质、熏陶德性的目的，或许可以不费心就能达到。

凡人有记性，有悟性。自十五以前，物欲未染，知识未开，多记性，少悟性。十五后，知识既开，物欲渐染，则多悟性，少记性。故凡所当读书，皆当自十五前使之熟读，不但四书五经，即如天文、地理、史学、算学之类，皆有歌诀，皆须熟读。若年稍长，不惟不肯读，且不能读矣。今人村塾①中开蒙，多教子弟念诗句，直是无谓②。

【注释】①村塾：乡村的学塾。②无谓：没有意义。

【译文】凡是人都有记性，有悟性。自十五岁以前，物欲未沾染，知见未形成，记性多，悟性少。十五岁以后，知见开了，物欲染了，则悟性多，记性少。所以凡是读书，都应从十五岁前让他们熟读，不但四书五经，就是如天文、地理、史学、算学之类的书，都有口诀，都应熟读。若是年龄稍大，不只不肯读书，并且不能读书了。今天的人在启蒙教育时，大多教子弟读诗句，真是白费工夫。

凡子弟学写仿书，不独教他字好，即可兼识字及记诵之功。

【译文】凡是子弟学习写仿书，不只是教他字好，也可以兼有认字和记诵的功效。

四明①程端礼②，有《家塾分年读书法》。教童子读四书五经，先令读正文既毕，然后却读注亦可。盖子弟读书，大约十岁前有记性，以后渐否，若令先读正文，虽子弟至愚，未有不于十岁前完过者，此亦读书之一法。

文公有言："古有小学，今无小学。须以敬字补之"。此但可为年长学道者言，若童子定须教以前法。

【注释】①四明：山名。在浙江省宁波市西南。②程端礼(1271年—1345年)：字敬叔、敬礼，号畏斋，庆元(今鄞县)人。著有《读书日程》(也作《程氏家塾读书分年日程》)、《春秋本义》、《畏斋集》等。

【译文】四明山的程端礼，著有《家塾分年读书法》。教儿童读四书五经，先让他们读正文完毕，然后再读注释也可以。大概儿童读书，大约是十岁前记性好，以后记性渐渐衰退，如果让他们先读正文，即使儿童非常愚钝，没有不在十岁前完成此项学业的，这也是读书的一法。

朱熹有言说："古时有教导儿童的方法，现在没有了，需要以'敬'字为原则填补它。"由此可直接对年长的学者说，若要教导童子一定要按以前的方法。

古人设社学①法最好，欲教童子歌诗习礼，发②其志意③，肃其威仪，盖恐蒙师惟督句读，则学者苦于简束④，而无鼓舞⑤入道⑥之乐也。然歌诗近于鼓舞，习礼便有简束的意在。古人十三学《乐》，诵《诗》。二十而冠，始学《礼》。盖人当少年时，虽有童心，然父兄在前，终有畏惮，故法不妨与之以宽。宽者，所以诱其入道也。年力既壮，则智计渐生，此时纯用诱掖，则将有放荡不制之患。故法又当与之以严。严者，所以禁其或放也。二者因其年力，各有妙用，故古时成就人多。今之社学，止以句读简束童子，固失鼓舞之意矣。若误认古人纯用鼓舞，又岂成就之法乎。立教者当知所以善其施矣。

【注释】①社学：古代地方学校。②发：启发。③志意：犹意志。④简束：管教。⑤鼓舞：勉励，激励。⑥入道：合于圣贤之道。

【译文】古人设立社学的方法最好，想教儿童唱诗学礼，启发他们的意志，肃整他们的威仪。不过又担心启蒙教师只是监督学习句读，学生感到枯燥无味，而没有勉励他们学习圣贤之道的乐趣。然而吟诵诗歌可以起到勉励的作用，学习礼仪则有约束行为的意思在里面。古人十三岁学习《乐》、诵《诗》，二十而冠礼后才学《礼》。大概人当少年时，虽然有童心，然而父兄在面前，总有畏惧，所以对待他们不妨宽松些。宽松，是为了诱导他们入门啊。年岁大了之后，则智力渐增，至此纯粹用诱导，就会有放纵不约束的忧患。所以方法就应当严而又严。严厉，是为了禁止他们放任啊。二者因为他们的年龄，各有各的妙用，所以古代成就的人多。今天的社学，仅仅以句读教育儿童，本来就失去了鼓舞的意旨了。如果认为古人纯粹用鼓舞教育儿童，又怎么能有成就人才的方法呢？设立教规的人应当知道如何能够妥善施教啊。

　　近日人才之坏，皆由子弟习时文①。盖古人之法，四十始仕，即国初童子试②，亦必俟二十后，方许进学。进学者必试经论。养之者深，故其出之者大也。近日人务捷得③，聪明者，读摘段数叶，便可拾青紫④，胸中何尝一毫道理知觉，乃欲责其致君泽民。故欲人才之端，必先令子弟读书务实。

　　【注释】①时文：时下流行的文体。旧时对科举应试文体的通称。唐宋时指律赋，明清时特指八股文。②童子试：科举制度中的低级考试。童生应试合格者始为生员。③捷得：争先获取。④青紫：本为古时公卿绶带之色，因借指高官显爵。

　　【译文】近代人才的败坏，都是由于弟子修习流行的文体所致。古人之法，四十岁才可以入朝为官，即使是童子试（取得秀才资格的入学考试），也要等到二十岁后，才允许进修，进修者必须测试经论。因为涵养深厚，所以写出文章显示的才能也就弘大啊。近来的人务求捷径，聪明的人，摘取段数文句，就可得到高官显爵，脑中何尝有一丝一毫的道理觉悟，又怎能要求他侍奉君主、惠泽人民呢? 所以想要得到人才, 必须从先让弟子读书务实开始。

昔人之患在朴, 今人之患在文。文翁①治蜀, 因其朴而教之以文也。今日之势, 正与文翁相反。使民能反一分朴, 则世界受一分惠。而反朴之道, 当自教童子始。有心世道者。慎毋于时文更扬其波哉。

【注释】①文翁: 汉庐江郡人。景帝末, 为蜀郡守, "仁爱好教化", 在成都市中起学官, 入学者免除徭役, 成绩优者为郡县吏, 每出巡视, "益从学官诸生明经饬行者与俱, 使传教令"。蜀郡自是文风大振, 教化大兴。见《汉书·文翁传》。

【译文】过去的人弊病在过于淳朴, 今天的人弊病在于过于虚浮。文翁治理蜀郡, 因人民过于淳朴而教他们变通一些。今日的形势, 正好与文翁相反, 使人民返回一分淳朴, 则世界就会受一分益处。而返朴的途径, 应当从教育儿童开始。有心于改变世道人心的人, 切慎不要对追求流行文体的潮流推波助澜啊。

教小儿, 不但是出就外傅谓之教, 凡家庭之教最急。每见人家养子, 当其知识乍开时, 即戏教以打人骂人, 及玩以声色①玩好②之具, 此等气习, 沁入心腑, 人才何缘得成就。

【注释】①声色: 指美好的声音与颜色。②玩好: 供玩赏的奇珍异宝。

【译文】教育儿童, 不但是指出外拜师称为教育, 大概是家庭教育最为紧要。每每见人家养育孩子, 当他们认识能力刚打开时, 就戏要教导他们学打人骂人, 以及玩弄好看好听等好玩的玩具。这些习气,深入内心，人才靠什么得以成就呢？

家庭之教，又必原于朝廷之教。朝廷之教以道德，则家庭之教亦以道德。朝廷之教以名利，则家庭之教亦以名利。尝有友人问建文①时何多忠义，予曰："此父兄之教严耳。"友人问："何以知之？"曰："以朝廷之教知之。"盖当时朝廷重名节，励清修②，其教甚严。苟子弟居官不肖③，则累及父母，累及宗族，故孩提之时，倘或不肖。则父兄必变色而训之。语曰："少成若天性，习惯如自然。"积累既深，所以居官之时，虽九死而靡④悔也。

【注释】①建文：明朝第二个皇帝建文帝朱允炆的年号，相对于公元1399年至1402年，前后共四年。明成祖朱棣在靖难之役成功后不承认建文年号，改建文四年为洪武三十五年。明神宗在万历二十三年（1595年）下诏恢复建文年号。②清修：谓操行洁美。③不肖：不成才；不正派。《礼记·射义》："发而不失正鹄者，其唯贤乎？若夫不肖之人，则彼将安能以中。"孔颖达疏："不肖，谓小人也。"④靡（mǐ）：《尔雅》：靡，无也。

【译文】家庭的教育，又必定根源于朝廷的教育。朝廷的教育是道德，家庭的教育也是道德；朝廷的教育是名利，家庭的教育也是名利。曾有友人问建文帝为什么有那么多忠义之士，我说："这是因为父兄的教育严格。"友人问："怎么知道呢？"我说："以朝廷的教育知道。"原来当时朝廷重视名节，勉励节操好的人，教育非常严格。如果子弟为官不正派，就会牵累到父母，牵累到宗族。所以孩提时，倘若不正派，父兄必定变脸训斥他，对他说："人在幼时养成的习惯，就像人天生自然固有一样难以更改。"积累工夫深了，所以为官的时候，即使九死也无悔了。

洒扫、应对①、进退②，此真弟子事。自世俗习于侈靡③，一切以仆隶当之,此理不讲久矣。然应对、进退,贫士家犹或有之。至于洒扫,则贫士家亦绝无之矣。偶过④友人姚文初家,见其门庭萧然⑤,一切洒扫应对进退,皆令次公⑥执役⑦,犹有古风。文初,现闻先生后也,其高风如此。为贫士者,可以愧矣。

【注释】①应对:酬对;对答。《论语·子张》:"子夏之门人小子,当洒扫应对进退,则可矣,抑末也。"②进退:进退礼仪诸事。③侈靡:奢侈靡烂。④过:前往拜访;探望。⑤萧然:指安定平静,秩序良好。⑥次公:二公子。⑦执役:服役;担任劳役。

【译文】洒水扫地、应对宾客、进退礼仪,这些是弟子应做的事务。自从世俗的人习惯于奢侈,一切事务都让仆人去干,这道理好久都不讲了。对答、进退之事,贫寒士人或许还做,至于亲自洒扫,则贫寒士人也绝没有了。偶然拜访友人姚文初家,见其门庭安定有序,一切洒扫对答进退,都是其家二公子亲自担任,很有古人遗风。姚文初,是现闻先生的后人,他如此高风亮节,那些做贫寒士人的,应当为此感到羞愧了。

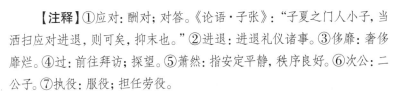

或问六艺,童子十五以内,恐未必能习。曰:"玩礼乐射御书数之文,文字则与乂字有别。文是习其事,乂是详其理。礼乐虽精微,然《礼记》云:'十三学乐诵诗,'又曰:'十三舞勺,成童舞象。'则知由粗及精,自有因年而进之法。射御虽非童子事,然北人与南人不同。曹丕《典论·论文》自言八岁即学骑射,是射御亦非难事也。至于书数,尤易为力。"

【译文】有人问六艺,童子十五岁以内,恐怕未必能学习。说:"玩礼乐射御书数之'文','文'字则与'乂'字有分别。'文'是实践上修习，'义'是理论上透彻。礼乐虽然精微，然而《礼记》说：'十三学乐诵诗，'又说：'十三舞勺，成童舞象。'则知道由粗浅到精微，自然有因循年纪递进的方法。射礼和御礼虽然不是童子的事务，而然北方人与南方人不同，曹丕《典论·论文》自己说八岁就学习骑射，由此看骑射驾驭也不是困难的事啊。至于六书九数，尤其容易学习。"

古者八岁入小学。周官①保氏②掌养国子③，教之六书。汉兴，萧何④草律令，太史⑤试学童能讽书九千字以上，乃得为史。又以六体试之，课最者，以为尚书御史史书令史。六体者，古文、奇字、篆书、隶书、缪篆、虫书，皆所以通知古今文字，摹印⑥章书⑦幡信⑧也。则知古人皆以字学为小学，故人皆识字。今俗崇尚制科⑨，人务捷得，至贵为公卿，而目不识古文奇字，且并音画亦多心谬者，少此一段工夫也。

【注释】①《周官》：即《周礼》，是中国古代关于政治经济制度的一部著作，是古代儒家主要经典之一。包括天官、地官、春官、夏官、秋官、冬官等六篇，故本名《周官》，又称《周官经》。西汉成帝时，刘歆校理秘府所藏书籍，才将《周官》列入书目，但缺冬官一篇，遂以《考工记》补足。王莽建立新朝，始改《周官》为《周礼》，并宣称这是周公居摄时所制定的典章制度。自郑玄作注后，与《仪礼》、《礼记》并列为《三礼》。②保氏：《周官·保氏》："掌养国子，教之六书、九数。"③国子：公卿大夫的子弟。④萧何（？—前193年）：早年任秦沛县狱吏，秦末辅佐刘邦起义。攻克咸阳后，他接收了秦丞相、御史府所藏的律令、图书，掌握了全国的山川险要、郡县户口，对日后制定政策和取得楚汉战争胜利起了重要作用。楚汉战争时，他留守关中，使关中成为汉军的巩固后方，不断地输送士卒粮饷支援作战，对刘邦战胜项羽，建立汉代起了重要作用。惠帝二年（前193年）卒，谥号"文终侯"。⑤太史：官名。西周、春秋时太史掌记载史事、编写史书、起草文书，兼管国家典籍和天文历法等。秦汉曰太史令，汉属太常，掌天时星历。魏晋以后，修史之职归著作郎，太史专掌历法。隋改称太史监，唐改为太史局，宋有太史局、司天监、天文院等名称。元改称太史院。明清称钦天监；修史之职归之翰林院，故俗称翰林为太史。⑥摹印：依样描摹。⑦章书：奏章。⑧幡信：题表官号以为符信的旗帜。⑨制科：即制举，又称大科、特科，封建王朝临时设置的考试科目。目的在于选拔各种特殊人才。唐代制举堪甚盛，至宋代，贡举大为发展，而制科则趋于衰微，但作为一种科举制度，仍不失为一代之制。

【译文】古代八岁入小学。《周官·保氏》中说，掌管培养公卿大夫子弟，教他们六书。汉兴国，萧何起草法令，太史考试童生能读写九千字以上，才能做史官。又以"六体"考试，功课最优的，任命他为尚书御史、史书令史。"六体"指的是古文、奇字、篆书、隶书、缪篆、虫书，都是通晓古今文字，懂得依样描摹奏章、幡信的人。则可知古人都是学习文字为小学，所以人都识字。今天风俗崇尚特殊选拔的制科，人人追求捷径，甚至最尊贵为公卿的人，而不认识古文奇字，并且连读音笔画也常常搞错，原因就是没有学习过文字工夫啊！

人少小时，未有不好歌舞者。盖天籁之发，开机之动。歌舞即礼乐之渐①也。圣人因其歌舞，教以礼乐，所谓因其势而利导之。今人教子，宽者或流于放荡，严者并遏其天机②，皆不识圣人礼乐之意。欲蒙养之端，难矣。

【注释】①渐：熏染，可染。②天机：犹灵性。谓天赋灵机。

【译文】人在少小的时候，没有不喜欢歌舞的。大概因为天籁之音的启发，是打开契机的动力。歌舞即是礼乐的熏染啊。圣人因他们对歌舞的喜欢，教他们礼乐，就是所谓的因势利导。今天的人教育子女，宽松的可能流于放任，严格的则遏制他们的灵性，都不懂得圣人礼乐的意图。想要开童蒙养正的端口难了啊。

　　朱子蒙卦①注曰："去其外诱，全其真纯。"八字最妙。童子时惟外诱最坏事。如樗蒲②博弈，及看搬演③故事之类，极易使人流荡忘反。善教子者，只是④形格势禁⑤，不使得亲外诱，《乐记》所谓"奸声乱色，不留聪明，淫乐慝礼，不接心术"是也。然其尤要在端本清源，使父兄不为非礼之戏，则子弟自无从得接耳目。

　　【注释】①蒙卦：《易经》六十四卦中的第四卦。②樗蒲（chū pú）：亦作"樗蒱"。古代一种博戏，后世亦以指赌博。③搬演：把戏剧搬上舞台或场子上演出。④只是：一直；一味。⑤形格势禁：指因受形势的牵制阻碍，事情不能进行。

　　【译文】朱子蒙卦注解说："去其外诱，全其真纯。"八字最妙。儿童时期唯有外在的诱惑最能坏事。如赌博博弈，以及看舞台演出之类的，极易使人流连忘返。善于教导孩子的，一味约束禁止，不让他们接触外界的引诱，就是《乐记》所说的"奸声乱色，不留聪明，淫乐慝礼，不接心术"啊（意为不要让奸邪、淫乱的声音和色彩，停留于耳目，让耳目不聪明；不要让骄纵过分的音乐和行为连接于心中，让人心术不正。）。然而尤其重要的是正本清源，使得父兄不开不合礼法的玩笑，则子弟自然无从接触。

论读书

　　古之学圣贤易，今之学圣贤难。只如①读书一节，书籍之多，千倍于古。学者苟欲学为圣贤，非博学不可。然苟欲博学，则此汗牛充栋者将何如耶？偶思得一读书法，将所读之书，分为三节。自五岁至十五为一节,十年诵读。自十五岁至二十五为一节,十年讲贯②。自二十五至三十五为一节,十年涉猎③。使学有渐次④,书分缓急⑤。庶几⑥学者可由此而程工,朝廷亦可因之而试士⑦矣。所当读之书,约略⑧开后。

【注释】①只如:就像。②讲贯:犹讲习。③涉猎:谓读书治学或学习其他技能,但作浮浅的阅览或探索,不求深入研究掌握。这里是广学博闻的意思。④渐次:犹逐渐,次第。⑤缓急:宽舒和急迫;慢和快。⑥庶几:希望;但愿。⑦试士:指古代为授予官职而考试士子。⑧约略:大致,大体上。

【译文】古人学圣贤容易,今人学圣贤难。就像读书这一事,书籍多的程度,千倍于古代了,学者如果想学习成为圣贤,非得博学不可。然而如果想博学,那么对待这些汗牛充栋的书籍怎么办呢?我思考得到一个读书的方法,把所读的书,分为三个阶段。从五岁到十五岁为一阶段,用十年时间诵读;从十五岁到二十五岁为一阶段,用十年讲习;从二十五岁到三十五岁为一阶段,用十年时间广学博览,使学业有先后次第,读书有急有缓。希望学者可由此而成功,朝廷也可在此基础上考试选拔官员。所应当读的书,大致上开列在后面。

十年诵读

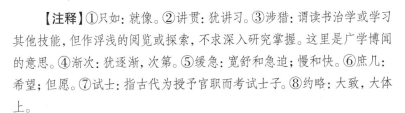

小学①、四书②、五经③、周礼④、太极通书⑤、西铭⑥、纲目、古文⑦、古诗⑧、各家歌诀⑨。

【注释】①《小学》:旧题宋代朱熹撰,实为朱熹与其弟子刘清之合编。书的发凡起例出于朱熹,而类次编定则有出于弟子刘清之。《小学》全书六卷，分内外两篇。内篇有四个纲目：前三个是立教，明伦，敬身，第四个是鉴古。外篇分两部分：一是嘉言，二是善行。②四书：即《大学》《中庸》《论语》《孟子》这四部著作的总称。③五经：指儒家的五圣经，即《周易》《尚书》《诗经》《礼记》《春秋》。④周礼：《周礼》是儒家经典，西周时期的著名政治家、思想家、文学家、军事家周公旦所著。⑤《太极通书》：明嘉靖邓向荣著。⑥《西铭》：原名《订顽》，为《正蒙·乾称篇》中的一部分，张载曾将其录于学堂双牖的右侧，题为《订顽》，后程颐将《订顽》改称为《西铭》，才有此独立之篇名。⑦古文：指秦以前的文献典籍。⑧古诗："古体诗"的省称。古体诗对近体诗而言。形式有四言、五言、七言、杂言等，不要求对仗，平仄与用韵比较自由。后世使用五言、七言者较多。⑨歌诀：口诀。

【译文】十年诵读的书目包括《小学》、"四书"、"五经"、《周礼》、《太极通书》、《西铭》、《纲目》，先秦文献、古诗，各种歌诀等。

十年讲贯

四书、五经、周礼、性理①、纲目、本朝事实②、本朝典礼③、本朝律令④、文献通考⑤、大学衍义⑥、天文书、地理书、水利农田书、兵法书、古文、古诗。

【注释】①性理：人性与天理。指宋儒性理之学。②事实：故实，典故。③典礼：制度礼仪。《易·繫辞上》："圣人有以见天下之动，而观其会通，以行其典礼。"④律令：法令。⑤文献通考：简称《通考》，马端临编撰。从上古到宋朝宁宗时期的典章制度通史。是继《通典》、《通志》之后，规模最大的一部记述历代典章制度的著作。和《通典》、《通志》合称"三通"。⑥大学衍义：真德秀著，号西山，浦城人，南宋著名理学家，是朱子学术思想最典型的秉承者，为理学取得正宗地位起到巨大作用，《大学衍义》为元、明、清三朝皇族学士必读之书。

【译文】十年讲贯的书目包括"四书"、"五经"、《周礼》、性理之学、本朝典故、本朝的制度礼仪、《文献通考》《大学衍义》、天文典籍、地理典籍、水利农田典籍、兵法典籍、古文、古诗等。

十年涉猎

四书、五经、周礼、诸儒语录、二十一史①、本朝实录及典礼律令诸书、诸家经济类书、诸家天文、诸家地理、诸家水利农田书、诸家兵法、诸家古文、诸家诗。

【注释】①二十一史：明朝时，《史记》、《汉书》、《后汉书》、《三国志》、《晋书》、《宋书》、《南齐书》、《梁书》、《陈书》、《魏书》、《北齐书》、《周书》、《隋书》、《南史》、《北史》、《新唐书》、《新五代史》、《宋史》、《辽史》、《金史》、《元史》合称"二十一史"。

【译文】十年涉猎的书目包括"四书"、"五经"、《周礼》、"诸儒语录"、"二十一史"、本朝实录及制度礼仪等典籍、有关经济方面的典籍、天文、地理、水利农田、兵法、古文、诗歌等。

以上诸书，力能兼者兼之。为不能兼，则略其涉猎，而专其讲贯。又不然则去其诗文。其余经济中，或专习一家，其余则断断①在所必读。庶②学者俱为有体用③之士，今天下之精神④皆耗于帖括⑤矣！谁肯为真读书人，而国家又安得收读书之益哉。

【注释】①断断：确实；决然无疑。②庶：众多。《说文》：庶，屋下众也。③体用：本体、本质和作用。④精神：心神；神志。指神情意态。⑤帖括：唐制，明经科以帖经试士。把经文贴去若干字，令应试者对答。后考生因帖经难记，乃总括经文编成歌诀，便于记诵应时，称"帖括"。

【译文】以上各种书，能全读就全读。不能全读的，则稍加浏览涉猎，而专心于学习讲习阶段的。学力还是不够，就去掉诗文部分。其余经济类书中，或者专心修习某一家的，其余各家则摘要阅读。这样就可以成为国家的栋梁之才。现在的读书人，精力全在应付考试的帖括上，谁肯做真正的读书人，而国家又怎么能收到读书的益处呢？

养正遗规补编

养正遗规补编序

　　往在津门，曾有养正遗规之辑，苦于搜罗不广，未惬所愿，年来由吴门而至豫章，公余开卷，凡有切于蒙养者，皆为手录，复得十种，并付梓人①。欲望幼学之士，于天真未漓②时，即不忘身心交治之功，以渐充其良知良能之量，庶不至高言心性而沦于空虚，亦不至汩没③记诵而流于俗学，是则区区编辑之微尚④也。

乾隆壬戌中秋陈宏谋识于西江使署

　　【注释】①梓人：木工，木匠，亦称建筑、雕刻字版的工人。②未漓：即尚未失去之意。漓，同"离"。③汩没：沉沦，埋没。④微尚：微薄的心力。

　　【译文】往昔在津门，曾编辑一本《养正遗规》，由于搜寻查找的资料不广泛，没有达成自己的心愿。一年以来，从吴门辗转到了豫章，在公务余闲之时打开阅览。凡是适合童蒙所读之书，都用手抄写下来，又得到十种这样的书稿，于是就把这些书稿一起交给了雕刻字版的工人。希望让那些幼年的孩子在尚未脱离天真本性的时候，不忘记身心交治的功夫，以便于逐渐充实他们的良知和良能，希望不至于高谈心性而沦于玄虚，也不至于沉沦念记背诵而和俗学一样，这就是区区编辑的微薄之功吧！

乾隆壬戌中秋陈宏谋记于江西使署

诸儒论小学

宏谋按：宋儒论蒙养道理，俱从源头说来。彻内外，贯始终，多不胜录。兹录其切近时弊者，以补前编所未备焉。鲁斋先生，于元代以教化为己任，一时蒙古诸生多所成就。今观用人于其所长，教人于其所短，因其所明，开其所蔽数语，已括设教之大端矣。夫教法具在，行之惟人。小子何知，父兄师长之责也。林致之谕父师，其旨深矣。因并录之。

【译文】宏谋按：宋朝的儒生论及童蒙养正的道理，都是从源头说起的。他们的说理通达内外，贯穿始终，多的都不能完全记录下来。现在摘录其中切中时代弊端的内容，以补缺前次编纂时所没有完备的地方。鲁斋先生在元代以教化天下为自己的责任，一时之间蒙古族的那些晚辈们都多有成就。今天我们看他的"用人要用他的长处，教育人要教他不足之处。""顺着他所明白的道理，渐渐诱导启发他去明白更多的道理。"虽然只是寥寥数语，就已经囊括了创设教育的根本了。教法都在这里面，做与不做就要看各人的了。"小孩子懂得什么呢？这些都是做父亲、兄长、老师、长辈们的责任啊！"林致之告诫天下父兄、师长的这番话，它的旨意是很深刻的呀。因此我就一并记录了下来。

程子^①曰：古人虽胎教，与保傅^②之教，犹胜今日庠序^③乡党之教。古人自幼学。耳目游处，所见皆善，至长而不见异物，故易以成就。今日自少所见皆不善，才能言，便习秽恶，日日销铄^④，更有甚天理。

　　【注释】①程子：即程颐，字正叔，人称伊川先生。是北宋著名的理学家和教育家。他主张教育的目的在于培养圣人，与其兄程颢合成为"二程"。②保傅：古代辅导天子和诸侯子弟的官员，统称为保傅。③庠序：中国古代的教育。《礼记·学记》："党有庠，术（遂）有序。"后人通释庠序为乡学，亦以庠序概称学校或教育事业。④销铄：熔化，消除。

　　【译文】程颐说："古人虽然只有对胎儿进行教育和对天子或诸侯的子弟进行施教，但是在总体效果上，还是胜过了现在的遍布城乡的学校教育。"古人从小的时候就开始学习，耳朵所听到的，眼睛所看到的都是善的东西，到长大的时候眼里就容不下怪异偏见的事物了，所以，他们很容易就能学有所成。现在的人自从小的时候所看到的都是不善的东西，刚刚能说话，就开始学习那些污秽丑恶的语言，日日沉沦下去，哪里还有什么天理。

　　古之人，自能食能言而教之。是故大学之法，以豫为先。盖人之幼也，智愚未有所主，则当以格言至论，日陈于前。盈耳充腹，久自安习，若固有之者。日复一日，虽有谗说摇惑，不能入也。若为之不豫，及乎稍长，意虑偏好生于内，众口辩言铄于外，欲其纯全，不可得已。

　　【译文】古时候的人，从能够吃饭说话之时起就开始教育他。所以大学的教学方法都是以防患于未然为最首要的。人在幼小的时候，聪明愚昧与否还没有显现, 就应当以圣贤格言, 放在他的前面, 让他每天都去学习。这样一来, 耳朵里听到的, 心中记下的都是圣贤教诲, 时间长了自然就会安于学习, 这些圣贤之教好像是他本来有的。这样一天又一天不停地让他学习, 耳熏目染, 即使有谗言秽语的诱惑, 也不能再进入他的内心了。如果让少儿不提前接受好的教育, 等到他们稍稍长大, 他们的意念、思想、习气和偏好就在内心形成了, 再加上众人的言语挑逗使他在外面受到引诱, 要想让他纯洁自身保全自己, 是不可能的。

人多以子弟轻俊①为可喜, 而不知其可忧也。有轻俊之质者, 必教以通经学, 使近本, 而不以文辞之末习, 则所以矫其偏质而复其德性也。

【注释】①轻俊: 飘逸潇洒。

【译文】人们都把子弟飘逸潇洒当作高兴的事, 而不知道他们也有令人担忧的一面。有飘逸潇洒这样秉性的人, 一定要教他通习经学, 让他明白做人的根本, 而不能让他舞文弄墨, 专习文辞, 舍本逐末, 这就是来矫正他的偏好习性而复回到固有的德性上来。

勿谓小儿无记性, 所历事皆能不忘。故善养子者, 当其婴孩, 鞠①之使得所养, 全其和气, 乃至长而性美。教之, 示以好恶有常。如养犬者, 不欲其升堂, 则时其升堂而扑之。若既扑其升堂, 又复食之于堂, 则使孰从。虽日挞而求其不升, 不可得也。养异类且尔, 况人乎。

【注释】①鞠, 养育, 抚养。

【译文】不要以为小孩子没有记性, 他所经历的事情都不会忘记。所以善于抚养孩子的人，当孩子还是婴儿的时候，养育他就按照正当的方式，完善他和顺的气质，等到他长大后秉性就和美。教育他，就要让他知道喜好和厌恶是有标准的，不可随意更改。就如同养狗的人，不想让狗跑入堂上，于是，一旦看见它跑入堂上就鞭打它。如果鞭打它不让它入堂，却又在堂上喂它食物，那么你要它到底是遵从什么原则呢？即使每天鞭打它希望它不跑入堂上，也是办不到的。养畜生尚且是这样的，更何况是教育孩子呢？

朱子曰：古者初年入小学，只是教之以事。如礼乐射御书数①，及孝悌忠信②之事。自十六七入大学，然后教之以礼。如致知格物③，及所以为忠信孝悌者。

古人小学，养得小儿子诚敬④，善端发见了。然而大学等事。小儿子不会推将去，所以又入大学教之。

【注释】①礼乐射御书数：礼，礼节；乐，音乐；射，射箭技术；御，驾车技术；书，书法；数，算数。这就是古代所谓的"六艺"。②孝弟忠信：孝，孝敬；弟，同"悌"，敬爱兄长；忠，忠诚；信，诚信。③致知格物：出自《礼记·大学》。致知，王阳明认为即"致吾心之良知"，格物，即格除物欲。④诚敬：诚恳恭敬。

【译文】朱熹说："古代刚刚入学的孩子，只是教他们学做一些事情。如礼节、音乐、射箭、御马、书法和算数'六艺'，以及孝敬、尊长、忠诚、诚信的事。自从十六七岁开始上大学，然后就教给他礼节，如通过格除物欲来开发人的智慧德能以及明白人为什么要做到孝悌忠信的原因。"

古人在小学，将小儿教养得诚恳恭敬了，他们善良的本性出现了。可是对于大学里所说的道理，他们还不能自己加以推演，所以就让他们进入大学深造。

古人都从小学时学了，所以大来都不费力。如礼乐射御书数，大纲都学了。及至长大，便止理会穷理致知工夫。而今自小已失，补填实难。但须庄敬诚实，立其基本。逐事逐物，理会道理。待此通透，意诚心正了，旋旋去理会礼乐射御书数。今则无所用乎御，如礼乐书数，也是合当理会底。但不先就切身处，理会得道理，便教考究得些礼文制度，又干自家身已甚事。

【译文】古代的人从小学的时候就把基础打下了，所以到他们长大后再去学习高深的理论就不费力气了。就如同礼乐射御书数"六艺"，基本上他们都学了。等到他们长大之后，他们就只在穷尽事物的原理，开启智慧上下功夫就可以啦。而现在的小儿们从小的时候就没有把基础打牢，再去补习回来就非常难了。但是，如果能做到庄重、恭敬、诚实，立足于基本，从一事一物中，理清懂得其中的道理。等到把基本事物的道理通达透彻了，心意诚正了，然后一步步地去学习礼乐射御书数，层层深入，就会掌握才艺了。现在"六艺"中驾驭马的技术已经没有用了，而对于礼节、音乐、射箭、书法、算数还是应当去学的。但是如果不是先就贴身实际的小事一点一点地做起，从中体会道理，即使学到了礼节文章，考究到了古代的一些制度，那对自身又有什么益处呢？

古人小学，教之以事，便自养得他心，不知不觉自好了。到得渐长渐更历，通达事物，将无所能。今人既无本领，只去理会许多闲泪董。百方措置思索，反以害心。

【译文】古人的小学，教他们做事，就是让他们修养自己的内心，他们的内心在不知不觉中就变好了。等到他们渐渐地长大后，知道了人情物理，对事物都通达了，就没有什么难得住他们的了。现在的人从小不学做事，已经没有什么本领，只去研究赏玩那些老古董，想方设法去找适合放置古董的地方，最终把自己的内心给害了。

诸儒论小学

刘元城有言，子弟宁可终岁不读书，不可一日近小人，此言极有味。

【译文】刘元城有句话说道，对于子弟们，宁可让他们一年不读书，也不能让他们靠近小人一天，这句话深有味道。

陆子寿言，古者教小子弟。自能言能食即有教。以至洒扫应对之类，皆有所习。故长大则易语。今人自小即教做对，稍大，即教做虚诞之文，皆坏其性质。

【译文】陆子寿说，古代人教育小子弟们，自从他们会吃饭、说话之时起就开始教导了，以至那些打扫厅堂应对宾客的事也都要学习。所以，他们长大之后很容易和人沟通。现在的人从孩子小的时候就让他们学做句子对仗，等他们稍微长大一点儿，就教他们写那些空洞无物、虚浮词藻的文章，这些都是毁坏他纯净纯善的天性。

弟子职，所受是极。云受业去后，须穷究道理到尽处也。毋骄恃力，如恃气力，欲胡乱打人之类。盖自小便教之以德，教之以尚德不尚力之事。

【译文】弟子在职，他所学到的都是经典的智慧，当他们受业离开之后，应该把昔日所学的道理彻底明了。不要骄横跋扈凭着势力欺人，就像凭着强大的气力，就随便欺负别人这一类。所以，从小就应当用德行教育他，教他要崇尚道德而不是崇尚才能。

东莱吕氏曰：教小儿当以正，不可便使之情窦日开。

【译文】东莱吕氏说，教育小儿应当用正道来教训他，不能让他的私情、欲望日益蔓延。

教小儿，先教以恭谨^①，不轻忽^②，不躐等^③，读书乃余事。今日之有资质者，父兄便教以科举之文，不容不躐等。皆因父兄无识见，至有以得一第便为成材者。

【注释】①恭谨：恭敬谨慎。②轻忽：轻率忽略。③躐等：越级。《礼记·学记》："幼者听而弗问，学不躐等也。"

【译文】教育小儿，先教他们对长辈恭敬，做事谨慎，不轻率不马虎，不越级，至于读书就是次要的事情了。现在有天资秉性好的人，父亲和兄长就教给他们考科举的文章，这就不容得他们不去越级了。都是因为父亲兄长没有认识和见地，所以一旦子弟们考取某一个科举的等级就认为他们已经成才了。

鲁斋许氏曰：小学内明父子之亲，言凡为人子，为人妇，幼男与未嫁女子，皆当尽爱尽敬，不敢自专，事亲之道也。

【译文】鲁斋许氏说，小学的教育要达到的就是要孩童明了父子的亲情关系，不管是为人儿子、媳妇的，还是幼童或未嫁女子都要尽心尽力爱戴、尊敬自己的父母长辈，不能擅自主张，这就是侍奉双亲的道理。

凡人幼小时，不引得正，后便难了。如字画端楷之类是也。

【译文】凡是人在幼小的时候，如果不把他引到正道上来，那么以后再引导他就难了。就好像是练习写字，自幼已习惯了的写字方式就很难再改变过来。

先生教小学生，凡读书倦时，则令习拜跪揖让，应对进退之节，或投壶①习射，负者罚读书若干遍。每说书，不务多，惟肯款周折若未甚领解，则引证设譬，必使通晓而后已。

【注释】①投壶：古代宴会时的一种游戏。以矢投壶中，投中的多者为胜。

【译文】先生教育小学生，当他们读书疲倦的时候，就让他们学习跪拜、作揖、礼让的事情，练习应对宾客进入和退出的礼节，有的时候就让他们玩投壶的游戏，输的就要罚他读好几遍书。每当讲书的时候，不贪求讲得多，只是在学生费尽周折似乎仍未能领悟到书中道理的时候，老师才会引用例子，运用譬喻来反复教导小学生，一定要让他们通晓其中的道理才可以！

又常问此章书义，若推之自身，今日之事，有可用否。大凡欲其实践，不贵徒说也。

【译文】又常提问学生：这一章的含义，如果推及到自身，就今天

的事情而言，有没有用得上的地方？原则上总是想要学生能够学以致用，而不是崇尚空谈。

先生又以用人与教人不同。用人当用其所长，教人当于其所短。故其教人，恩同父子，义若君臣。因其所明，开其所蔽，而纳诸善。时其动息而张弛之。慎其萌蘖①而防范之。日渐月渍，不自知其变也，日新月盛，不自知其化也。是以凡为子弟者，皆能自立，为世用矣。

【注释】①萌蘖：指邪行。

【译文】做老师的还应该明白用人和教人的不用之处。用人就要用他的长处，教人就要教他的不足。所以教学生，恩情如同父子，道义就如同君臣之间的道义。应顺着他所明白的道理加以启发，以解开他的困惑，而恢复其天性的良善。根据受教者一动一息不同的情况，就一张一弛，采取相应的方法来教育他。谨慎防范他的邪念萌生。随着年长日久的浸渐，受教者不知不觉自己都已经变了，随着日新月异，受教者不知不觉自己就已经被感化了。所以凡是来受教的弟子都能够自立，成为当世有用之才。

林致之曰：今之教读，可方古闾胥族师之任。其有关于人才风化者，不为不大。切须以身率人，正心术，修孝悌，重廉耻，崇礼节，整威仪，以立教人之本。守教法，正学业，分句读，明训解，考功课，以尽教人之事。凡日用间，父子君臣夫妇长幼朋友之道，心术威仪衣服饮食之事，俱依小学明伦敬身所言，及童蒙须知、白鹿洞教条、吕东莱规约、程董学则、刘敬堂、真西山斋规。其考德等事，则依胡敬斋先生续白鹿洞学规，务要切实体贴，就其身以开导之。即事论事，迎其机以点出之。时其动息而张弛之。慎其萌孽而防范之。

【译文】林致之说，今天教育子弟们读书，可以比作古代闾胥族师的工作，其有关于人才风俗教化之处，不能不说是一件大事。切记一定要以身作则，带领别人学习，修正心术，做到孝悌，看重廉耻，崇尚礼节，整肃威仪，以树立教育的根本；遵守教法，端正学业，分清句中停顿，明晰训解，考查功课，以尽到教育人的职责。

凡是日常所用的时候，父子君臣夫妇长幼朋友之道，心术威仪衣服饮食之事，都要依照小学明伦敬身所说的去做，也要按照《童蒙须知》、白鹿洞教条、吕东莱规约、程董学则、刘敬堂、真西山的斋规去践行。那些考察德行的事情就要依照胡敬斋先生《续白鹿洞学规》上所写的去做，一定要贴切务实，就从子弟们的自身来开导他们。就事论事，寻着一个机会就点拨他引导他，根据受教者一动一息不同的情况，就一张一弛，采取对应的方法来教育他。慎重防范他的邪念萌生。

凡君子小人善恶义利轻重之辨，莫不为之反复晓告，恳切开谕，以发其心志，而责之以必为。荣耀之，愧耻之，使之欢忻鼓舞，日趋于善。而本然良心，得以保全，而不至于破坏。是今日救时第一义也。否则蒙养既失，习成难转。虽记得甚多，讲得甚精，作得甚妙，只是工纸上之谈，而实于其身，曾不得几字受用。甚则任气徇欲，饰非文奸，败常乱俗，以古道为迂，以执礼为固，以廉耻为矫激，是正古人所谓侮圣言，不识字者也，岂得谓之读书哉。

【译文】凡是君子小人的分辨，善恶义利的分晓，轻重缓急的明晰，先生们没有不反复地为学生讲解，诚恳殷切地开导晓谕的，以启发子弟们天性的良善，要求他们必须这样做。对于他们做了正确的事就给予荣耀，对于他们做了不对的事就让他们深感愧疚和自耻，让他们为自己行善而欢欣高兴，内心受到鼓舞，一天天趋向良善。他们本来的天然良心得到了保全，而没有被世俗的不良诱惑所污染。这就是现在拯救当世的第一要义。否则童蒙时养正的时机失去，已经形成的习惯就难以扭转。虽然记得东西非常多，讲得透彻明晰，写得也特别的精妙，也只是纸上的工夫，而对于自身的修养就一点儿用处也没有了，甚至有的子弟们任性使气寻求欲望的满足，掩饰自己的错误掩盖自己的奸行，败坏纲常扰乱风俗，认为遵循古道是迂腐，把人施行礼节当作是顽固守旧，把知廉耻当作为是矫枉过正，这就是古人所说的侮辱圣人的言论，不认识字的人，怎么能谈得上是读书呢？

凡为师者，当以风俗为念，毋安常袭故，以误后学。谕教读尝闻诸先辈云，人生至乐莫如读书。至要莫如教子。夫世人所以终日百计营营者，不过为子孙计耳。不知子孙果贤耶，固无用尔之营营。果不贤耶，则尔之终日营营者，适所以益其过而纵其欲，鲜有不覆败者也。

【译文】凡是作为老师的人，教育就要针对当时的社会风俗，不能安于常态一味沿袭故旧的做法而贻误了子弟们。关于教人明白教学和读书的道理，曾经听许多先辈们说，人生最大的乐趣没有比得上读书，人生最重要的事没有比得上教育自己的孩子了。世人之所以天天为了利益奔波操劳，不过就是为了子孙的长远打算罢了。不知道自己的子孙如果真是很贤德的，本来就用不着你的苦心经营；如果本来就是不贤德的，那么你整日苦心经营，恰恰是更增加子孙的过失，放纵他们的欲望，很少有不覆灭失败的人。

故爱子者，莫要于能教，教子者，莫贵乎以正。爱而不教者，固不得谓之爱。教不以正者，抑岂得谓之教乎。何以言之，人家之所以兴替者，在礼义之有无，子孙之贤否何如耳。假如子孙果贤，而礼义果明耶，则父慈子孝，兄友弟恭，夫义妇听，和气满堂，何富贵如之。况如此之家，天助人顺，鬼神阴骘①，未有不兴且大者乎。苟子孙不贤，而礼义不明耶，子忤其父，弟傲其兄，妻逆其夫，相残相贼，戚然不得以一日宁。虽有富贵，亦安得而享诸。况如此之家，神人共愤，覆载②不容，又未有不衰且替者乎。

【注释】①阴骘：阴德，暗中行善积德。②覆载：天地之意。《中庸》："天之所覆，地之所载，凡有血气者，莫不尊亲。"

【译文】所以爱自己子女，没有比得上能教育子女更重要的了；教育自己的子女，没有比得上教给子女正道更可贵的了。爱子女而不去教育他们根本就不能算是爱。教育子女而没能把他们引入正道，又怎么能说是教呢？为什么这样说呢？一个家庭之所以会有兴替，是因为礼法义理的存在与否，和子孙贤与不贤的差别。如果子孙果真非常贤能，礼节义理上也非常明了，那么父亲慈爱子女孝敬，兄长友爱弟弟恭敬，丈夫有义，妇人顺从，一家人和和气气，什么富贵能比得上呢？更何况这样的人家，上天帮助他们，众人归顺他们，鬼神在暗地就会回报他们积下的善行美德，像这样的家庭没有不兴旺壮大的。如果子孙不贤明，也不明了礼节义理的道理，做儿子的忤逆父亲，做兄弟的傲慢于兄长，妻子违背丈夫，亲人之间相互残害，凄惨悲哀没有一天是安宁的日子。即使拥有富贵，这样的家庭又怎么能够享受得到呢？更何况这样的人家，神人共愤，天地不容，就没有不衰亡更替的道理。

胡尔为父兄者，念不及此，知爱子，而不知所以爱。知遗其子以财，而不知遗其子以德。间有知延师者，亦不过举业是工。又有以举业利迟，惟记诵对偶是言。吏家行移^①，不正杂书是习。其如礼义，则视为无用长物^②，未尝一置之唇齿。如此者，虽曰教之，实所以害之，其得谓之教乎。

【注释】①行移：指官署间的公文往还，旧时公文的一种。行于不相统属的官署之间。②长物：多余的东西。

【译文】为什么有些做父亲和兄长的人，考虑不到这些，知道爱子女，而不知道怎样去爱子女。知道留给子女们财产而不知道留给子女们德行。他们中间即使有知道礼请老师的，也不过是工于科举学业。又有的认为通过学业获利益时间太长了，因此只记诵对偶的只言片语，学点官家的公文往还，读一些不正之书。其他的如礼义之类，他们就视作没有用的多余之物，从来都没有在言语之间说过有关礼义的话。像这样的人，虽然说是教育子女，实际是害了子女，这能说是教育吗？

夫人之立身立家，可恃可传以永久者，惟在乎礼义。而纷纷势利，如烟花过眼，须臾变灭。亦岂是传家久远物耶。况有礼义，则虽贫贱，人亦敬仰之。无礼义，则虽富贵，人亦鄙贱之。历观古昔以来，多少身都将相而遗臭万年，穷居山谷而流芳百世者，惟是故尔尔。父兄若识破此意，则所以教子弟者，当使之觌^①德，不当使之觌利。当使之皇皇于仁义，不当使之皇皇于势利。当使之以耕读勤俭处家，不当使之出入官府，欺公弄法，以侥幸^②富盈之图。

【注释】①觌：见，相见。②侥幸：由于偶然原因而获得成功或免去灾祸。

【译文】一个人立身安家，可以依靠而使家道传承永久的就在于礼义。而纷乱的权力利益如过眼云烟，在一刹那间就会幻灭，怎么能是传家久远的东西呢？更何况讲述礼义的人，即使贫贱，别人也会敬仰他。不讲礼义的人那么即使富贵了，别人也会鄙视轻贱他。历观古代以来，许多身为将相的人最终遗臭万年，而一些安贫乐道、深居山谷的人却能够流芳百世，其原因就在于此。如果做父亲和做兄长的能够认识到这个道理，那么教育子弟们，就应当让他们心存美德，不能让他们心存利益。当使他们在仁义的道路上匆匆忙忙，而不能使他们在势利上匆匆忙忙。当使他们一边耕种，一边读书勤奋节俭治家，不能使他们在官府出入往来，欺骗公义玩弄法度，以侥幸企图得到不应有的富贵。

教之既正，养之既久，根基既已深厚。其资质之高者，德器成就，自足以佐邦国而光门户。其下者，亦足以守法循理，保业宜家，不至于颠覆破败之虞也。

【译文】教育子弟们已经走上正道，养护培育他们已经很久，他们的根基已经深厚了。那么其中天资秉性高的人，德行就会大有成就，他们的才干足以辅佐国家而光耀门楣。而那些次一点的人，他们也可以遵守法度遵循义理，保住家业，不至于有家业破败颠覆的忧患。

故曰老而不教，是为家之不祥，而中养不中，才养不才，贤父兄所以为可乐也欤。（论父兄。）

【译文】所以说老年人不懂得教育自己的子孙，是家里的不祥之兆。该养育他们而没有让他们得到正当的养育，培养他们的品德才干而没有让他们得到应有的才干和品德，贤父兄有什么值得快乐的呢？

程畏斋①《读书分年日程》

（先生名端礼，元鄞县人，官衢州路儒学教授。）

今父兄之爱其子弟，非不知教。要其有成，十不能二三。此岂特子弟与其师之过。为父兄者，自无一定可久之见，曾未读书明理，遽使之学文。为师者虽明知其未可，亦欲以文墨自见，不免于阿意曲徇。失序无本，欲速不达，不特文不足以言文，而书无一种精熟。坐失岁月，悔则已老。且始学既差，先入为主，终身陷于务外。为人而不自知，弊宜然也，孔子之教，序志道据德依仁，居游艺之先，周礼大司徒，列六艺②居六德③六行④之后，本末之序，有不可紊者。今制取士，以德行为首，经术为先，词章次之盖因之也。士之读经，虽知主朱子说，不知读之固自有法。读之无法，犹不免以语言文字求之，而为程试⑤资也。

【注释】①程畏斋：名端礼，元代鄞县人，官衢州路儒学教授。②六艺：古人学习的六种技能，指礼、乐、射、御、书、数。③六德：指古时人的六种德行，即知、仁、圣、义、忠、和。④六行：指古时人与人之间的六种社会关系，即孝、友、睦、姻、任、恤。⑤程试：按规定的程式考试。

【译文】现今的父母兄长爱护教育子弟，对于错误的或不懂的事理，不知道教育。子弟中能有所成就的，十个人中也不到两三个，这难道只是子弟或者老师的过错吗？作为父母兄长，自己本身就没有什么远见，也没有读过什么书不明事理，就让子弟去学习做文章。作为老师，虽然知道如此教育是不对的，但也只想着以文章来显达自己，不免随顺曲从于他们的意愿。这样的教育失去了正常的顺序，没有德行的根，欲速而不达，不但文章不足以称之为文章，而且书也没有一种能够精通熟练的。如此坐等岁月的流失，等到后悔时人已经老了。况且学习之初就偏离正道，又先入为主，致使终生陷于追求外在而不得要领。为人却不自知，害处也一样。孔子教育学生，以"志于道、据于德、依于仁"为序，并把道、德、仁放在"游于艺"的前面；《周礼·大司徒》把"六艺"放在"六德"、"六行"之后，本末顺序，不可以混乱。现在的科举制度选拔士人，把个人的德行放在首位，经学成就放在前面，词章优劣放在其次，也是由于这个原因。现在的人读书，虽然知道遵从朱子的学说，却不知道读书本来就自有方法。读书没有方法，就只能从语言文字中去寻求一知半解，以此去应付按规定程式的考试罢了。

余不自揆①，用敢辑为读书分年日程。与朋友共读，以救斯弊。盖一本辅汉卿②所粹朱子读书法修之。而先儒之论，有裨于此者，亦间取一二焉。嗟夫，欲经之无不治。理之无不明。治道之无不通。制度之无不考。古今之无不知。文字之无不达。得诸身心者，无不可推而为天下国家用。窃意守是，庶乎本末不遗，而工夫③有序。已得不忘，而未能日增。玩索④精熟，而心与理相浃。静存动察，而身与道为一。德形于言辞，而可法可传于后。较其所就，岂世俗偏长一曲之学，所可同日语哉。

鄞程端礼书

【注释】①自揆：自我揣测。揆，揣测。②辅汉卿：人名，朱子门人。

③工夫：即功夫，指花费的时间和精力。④玩索：玩味探索。

【译文】我不自量力，大胆编辑了读书分年日程，与朋友一起读用，以求挽救现今读书的弊端。这是完全依据辅汉卿所收集的朱子读书法并在此基础上修订而成的。对于先儒们关于读书的议论，凡是有益于此的，也从中选取了一些。唉，想要使经学得到弘扬，道理得以彰明，国家治理得以顺畅，制度得以执行，知晓古今之学问，通达天下之文章，得到这种种精髓的，都可以举荐为国家的有用之才。我个人正是抱着这样的想法，做事时本末兼顾，几乎没有遗漏的，所有的工作也正常有序。以前所学的没有忘记，新的知识天天增长。经过反复玩味探索，精通熟练了，心灵与事理便相互交融；静存动察，身体与自然便融为了一体。德行从言辞中表现出来，因而可为后世效法和承传。较这所取得的成就，又怎么能是世俗中偏长于某门学问所能相提并论的呢？

鄞县程端礼书

　　宏谋按：论语首章，标一学字，继之曰时习。朱子以效字释学字，而曰后觉者，必效先觉之所为，乃可以明善而复其初。其释时习，则曰学之不已，如鸟数飞。夫学虽不专在读书。而为学者，非读书，则天地万物之理，前古后今之事，无由而明。虽空空守此本然之善，亦不能扩充以尽其极。而读书不得其要，不尽其量，随得随失，若存若亡，于时习之义安在。可视为口耳记诵，而无关于明善复初之本务也哉。元畏斋程氏，推明①朱子之意，定为分年日程。本末兼该。首尾联贯。直欲识一字，明一字之义。读一句，受一句之益。明体达用②，于是乎在。明初，曾颁学官。

　　【注释】①推明：推崇，显明。②明体达用：明确主体思想，达到其功能最大化。

【译文】宏谋按：《论语》的首章，首先就是个"学"字，接着是"时习"。朱子用"效"字来解释"学"字，说后觉悟的人一定要效仿先觉悟人的行为，才可以明善并恢复其最初的本善之心。解释"时习"时，则说学习不能够停止，就像鸟一样总是不停迁飞。学习虽然不局限于读书，但是做学问的人如果不读书，那么天地万物变化的规律、古今发生的事情的原因，就没有办法明白。即使空守着初始的本善之心，也不能使善扩充以达到其极限。但如果读书不得要领，不能熟知书中所有，刚得到又失去了，好像理解了又好像没有掌握，这样"时习"的意义又在哪儿呢？可以看作是通过口耳来记忆诵读，但却对明善复初的根本要义没有用处。元代程畏斋先生推崇朱子的观点，将读书之法定为分年日程，本末兼备，首尾连贯；只想认识一个字便明白这个字含义，读一句便受这一句的益处。明确文章表达的思想原理以充分利用其功能，大概也就体现在这吧。明朝初期，程氏读书分年日程曾经在学宫中颁布实行。

后之读书者，日趋苟简，专事涉猎，此书无复有寓目①者矣。当湖陆清献②公令灵寿时，序而刊之。以为非程氏之法，而朱子之法。非朱子之法，而孔孟以来，教人读书之法。其尊信此书如此。今欲为童子立为学之始基，以极致知之能事，固不能外此而别有师法也。至所载钞经读史诸法，皆极精要。以限于卷帙不能备载，亦以此编专勖③童蒙。待至穷经研史，正可考全书而得之也。

【注释】①寓目：过目。②陆清献：即清代理学第一人的陆陇其（1630年—1692年），号稼书，澜之当湖人。以进士即用，宰直隶灵寿县。③勖：勉励。

【译文】后来的读书人，日益趋向于轻率简便，只广泛阅读而不加以深究，这本书也就不再有人过目了。当湖人陆清献公任灵寿县令时，为本书作了序言并刊印发行。他认为这不是程氏的读书之法，而是朱子的学习之法；又说这也不是朱子的读书之法，而是孔孟以后历代先贤教人读书的方法，其尊崇信服这本书到如此地步。现在想立此法为小孩启蒙的基本读书法，以求最大限度的探究事物的原理。所以应坚守此法，除此之外不应另求其他教学之法。至于记载中的抄经读史的各种方法，都极为精要，但由于卷宗的限制不能完全记载下来。这样做也是因为这部分内容是专门勉励学童的。等到他们将来要全面地研究历史、经典，那时候就可以查考到全文完整的记录了。

八岁未入学之前。读性理字训①。（程逢原增广者。）

日读字训纲三五段。以此代世俗蒙求千字文，最佳。又以朱子童子须知贴壁，于饭后使之记说一段。

【注释】①性理字训：南宋安徽休宁人程若庸（字逢原）先生在程端蒙的428字计30条的《性理字训》基础上增写而成。内容主要依据《大学》、《中庸》、《论语》、《孟子》四书和朱熹的《四书章句集注》，及《周易》、《荀子》、宋儒其他学者如周敦颐、二程、张载等人的著述，按太极、阴阳、道器、格物、致知、天理、人欲、生知、安行、大顺、小康等183个范畴，全文用3280字进行通俗诠释，并和以声韵。与《弟子规》、《千字文》一起，被列为"童蒙必读书"。

【译文】在八岁没有入学之前，读《性理字训》（程逢原增广的版本）。

每天读三五段《性理字训》，以此取代大家在启蒙时所用的千字文，这样最好。再将朱子的《童子须知》贴在墙壁上，让学童们于饭后记忆读说一段。

八岁入学之后。读小学^①书正文。

日止读一书，自幼至长皆然。随日力性资^②，自一二百字，渐增至六七百字。日永年长，可近千字而已。每大段内，必分作细段。每细段，必看读百遍，倍^③读百遍，又通倍读二三十遍。（如此用工，便可终身不忘。）后凡读经书仿此。自此说小学书，即严幼仪。大抵小儿终日读诵，不惟困其精神，且致习为悠缓，以待日暮。法当才办遍数，即暂歇少时，复令入学。如此可免二者之患。

　　【注释】①小学：《小学》，宋代朱熹编。②性资：禀性，资质。③倍：倍通"背"，背诵。

　　【译文】在八岁入学之后，读《小学》正文。

　　每天只能读一本书，从小到大都应该这样。随着智力日渐增长，学习的内容可以从每天的一二百字慢慢增加到六七百字，随着年龄的增长，学习量可增至近千字为止。对于大的段落，一定要细分成小段；每一小段，一定要看、读百遍以上；再背读百遍，然后对整段再背读二三十遍。（这样用功的话，便可使所学知识终生不忘。）以后凡是读经书都应按照这个方法。自从教授《小学》书开始，就要严格要求幼童遵守读书之法。大概小孩子因整天读书诵诗，不仅让他们觉得精神有点困倦，而且觉得学习时间过得也很悠缓，便只想等着太阳下山。应当在学习几遍后就稍作休息，再让他们接着学。这样的话就可免除上述两种不足了。

日　程

　　一每夙兴^①，即先自倍读已读册首书，至昨日所读书一遍。内一日^②看读，内一日倍读，生处误处记号，以待夜间补正遍数。其间

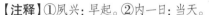

日看读，本为童幼文理未通，误不自知者设。年十四五以上者，只倍读。师标起止于日程空眼簿。凡册首书烂熟，无一句生误，方是工夫已到。方可他日退在夜间，与平日已读书，轮流倍温。如未精熟遽然退混诸书中，则温倍渐疏，不得力矣。凡倍读熟书，逐字逐句，要读之缓而又缓，思而又思。使理与心浃。朱子所谓精思，所谓虚心涵泳，孔子所谓温故知新，以异于记问之学者，在乎此也。

【注释】①夙兴：早起。②内一日：当天。

【译文】一每天一早起来，就要自己先把所读书课文从起始至昨天所学的都背诵一遍。当天看读的，当天就要背读下来，对于不熟悉处、背错的地方做好标记，等到晚上时再补背遍数。那种隔日阅读的方法，本来就是为文理未通、错了也不知道的小孩设置的。年纪在十四五岁以上的，只要背读，老师在日程空眼簿上标记好背诵的起止处。只有把书中学过的内容背得滚瓜烂熟，没有一处生疏错误的地方了，才算得工夫到家了。这样才能在他日晚间时做到与平时读过的书轮流背诵温习。如果所学没有精通熟练就去看其他书，那么温习背诵时就会逐渐生疏，学得不扎实。凡是背读学过的书，要逐字逐句慢慢地读，认真思考，真正理解文章的内涵，达到物我一体的境界。朱子所说的"精思"、"虚心涵泳"，孔子所说"温故知新"之所以区别于那些学习时只知死记硬背的人，也就在这了。

读书自须成诵，熟读而未能精思者有之矣。未有不能记忆而能有得者也。自幼至长，应读之书甚多。今之课读者，初读生书时，学生强记以塞责，先生以能倍而即止。踰①时渐忘，后来即加温习，已须多读遍数，重费工夫。迨读书渐多，工夫渐少。温习难遍，多所遗忘。继以温理苦难，师生皆以为畏。直至废弃旧书，同于未读，则前功尽弃，终身无精熟之书矣。看读百遍，倍读百遍之法。似乎迂苦难行。不知百遍之功，中材皆能熟记。倍读百遍，尤能牢记，不至趁口读过，亦收放心之一法也。又复连前带倍，每日温倍，不费工夫，温书虽多，无虞难遍。是虽勤苦于前，而终得收效于后也。前辈常云，读生书，莫待温时熟。言初读时，必使透熟，终身不忘也。又云，读温书好像生时读。言已精熟，惟恐趁口读过，必须字字分明，句句体认，如读生书也。二语与程氏所言相表里。总之读一句，熟一句，得寸则寸，则工夫不致浪掷②，终身受用不尽矣。

【注释】①踰：越过，超过。②浪掷：浪费。
【译文】（读书自然要能熟练背诵，能熟练背诵但不能深思熟虑掌握文章内涵的人有，但不可能有不能熟练背诵就能掌握书本内容的。从小到大，应该读的书很多。现在的讲学读书，初读新书时，学生死记硬背来应付任务，老师则只要学生能够背诵就不再读了。于是没过多久学生便慢慢忘了，即使加以温习，也要读很多遍才能背诵，重复浪费了很多时间和精力。等到读的书渐渐多了，能用的时间和精力渐渐少了，也难以全部温习一遍了，于是多半就慢慢遗忘了。又因为温习整理过于艰苦困难，师生们都认为这样太难而害怕麻烦。于是以前读过的书被渐渐废弃，等于没有读过，那么就前功尽弃了，这样一辈子也就不可能有精通熟悉的书了。"看读百遍，背读百遍"的读书法，实行起来好像曲折艰难，却不知道只要看读百遍，就算是中等资质的人也能熟练背诵；如果能背读百遍，记得将更加牢固，不至于像随口读过一样。这是收摄人心的一种读书之法。如果能看读百遍，背读百遍，每天加以温习背诵，不必费什么工夫，虽然温习的书多，也不用担心难以遍背。这样虽然前面较为勤苦，但后来终究能学有所得。前辈们常说："读新书，不要等到温习时再来熟悉。"意思就是说初读新书时，就要理解透彻，熟练背诵，这样就能终生不忘了。又说："诵读温习书本时要像初读新书一样专心。"意思是说已经对书本内容精通熟悉了，就怕随口读过，没有用心，所以必须逐字逐句，慢慢体会，就像读新书时一样。这两句话和程先生所说的意思一样。总之，读一句便要掌握一句，有一寸收获便要守住一寸收获，那么所下的工夫也不至于浪费，这样将终生受用不尽了。）

一师试倍读昨日书。

一师授本日正书。假令①授读大学②正文章句或问，共约六七百字，或一千字。须多授一二十行，以备次日或有故，及生徒众，不得即授，可先自读。免致妨功。先计字数。画定大段，师记起止于簿。点定句读，圈发假借字音，令面读仔细正过。于内分作细段，随文义可断处，多不过十句，少约五六句。大段约千字，分作十段，或十一二段，用朱点记于簿。还案，每细段，看读一百遍。倍读一百遍。句句字字要分明，不可太快。句尽字重读，则句完。不可添虚声，致句读不明。且难足遍数，须用数珠，或记数板子记数。每细段二百遍足，即以墨销朱点。即换读如前。宁剩段数，不可省遍数。仍通大段倍读二三十遍。必待一书毕，然后换一书，并不得兼读他书，及省遍数。

【注释】①假令：假使，假如。②大学：《大学》原为《礼记》第四十二篇。宋朝程颢、程颐兄弟把它从《礼记》中抽出，编次章句。朱熹将《大学》、《中庸》、《论语》、《孟子》合编注释，称为《四书》，从此《大学》成为儒家经典。

【译文】一老师考核学生昨天所学内容背诵情况。

一老师教授今天要学习的内容。假如教授《大学章句》和《大学或问》正文，可授六七百字，或一千字。但必须多教授一二十行内容，以防第二天或者有变故，使学生等不能得到教授时可以先自己预读，以免妨碍他们学习。老师先计算好字词数量，划定段落，并将起止处标记在本子上，断好句逗，圈发出假借字的读音，让学生当面读诵一遍并仔细纠正错误的地方；对圈定的段落再细分成小段，按文章的句意分，一小段最多不超过十句，少的约五、六句；大段一千字左右，可分成十个小段或十一二个小段，用红笔记在本子上。回到教案上，每一小段都要求读百遍背百遍，要逐字逐句弄清楚，不可过快。每句完结时尾字要重读，表示该句结束了，不能添加虚声，致使句读不明。并且难以记清读诵遍数时，一定要用数珠或记数板来记数。在每小段看读背读二百遍后就用墨水涂掉红色的标记，再如此换读下一小段。宁可剩余段数读不完，也不可省略看读背读遍数，仍需整个大段通读背诵二三十遍。一定要等一本书学完后，再换一书，不能同时读其他书籍以及减少看读背读遍数。

一师试说昨日已说书。

一师授说平日已读书。不必多，先说小学毕，次大学，次论语。假如说小学书，先令每句说通朱子本注①。及熊氏解，及熊氏标题。已通，方令依傍所解字训句意说正文。字求其训，注中无者，使简韵会求之，不可杜撰以误人。宁以俗说粗解，却不妨。既通说每句大义，又通说每段大义，即令自反复说，面试，通乃已，久之才觉文义粗通，能自说，即使自看注，沉潜玩索。使来试说，更诘难之，使之明透。如说大学论语，亦先令说注透，然后依傍注意说正文。

【注释】①朱子本注：这里指朱子对《小学》所作的注解。

【译文】一老师考核学生昨天所学内容。

一老师则教授平日已经读过的书。不必多，先把《小学》讲说完，再讲说《大学》，再讲说《论语》。假如讲说《小学》书时，先让学生按朱子本注逐字逐句疏通一遍，再依据熊氏注解及熊氏标题逐字逐句疏通一遍。全部疏通后，才让学生根据所解说的字训、句意来讲解正文。讲解时要求掌握每个字的训义。对于书中找不到注解的字，便核查韵书资料综合考校以求正确理解，不可杜撰来误导人，即使是用俗语粗略解说，也没关系。已经通说每句大义后，再通说每段大义，然后就令学生自己反复讲说，再当面考试，全部通过才可停止。这样久了之后学生对文义才能稍稍理解，才能自己解说，使他们能自己通过看注解，沉静下来思索。也可让学生自己来试着讲说，更要从中诘难他们，因而使他们对文义理解得更加明白透彻。比如讲说《大学》《论语》，也可先让他们把注解弄透，然后再根据注解的意思来讲说正文。

一小学习写字，必于四日内，以一日令影写①智永千文楷字。如童稚初写者，先以子昂所展千文大字为格影。写一遍过，却用智永本影写。每字本②一纸，影写十纸。止令影写，不得惜纸，于空处令自写，以致走样。如此影写千文足后，歇读书一二月，以全日之力，通影写一千五百字，添至二千三千四千字。影写之后，又使对临，以全日之力。如此写一二月，他日方能写多，运笔如飞，永不走样。盖儒者别项工夫多，故习字止如此。用笔之法，双钩、悬腕、让左、侧右、虚掌、实指、意前、笔后，此口诀也。欲考字，看说文韵会等书。以求音义。偏傍点画，皆须考正。

【注释】①影写：摹写，描摹，把纸蒙在帖上照着描写。②本：占据。
【译文】小孩学习写字时，一定要在学习的前四天内，用一天的时间令其描摹楷体字智永千字文。如果是童稚初学写字的，先用赵子昂所列的千字文大字为格影。写一遍以后，再换用智永本影写。每字占一张纸，共描摹十纸。仅仅局限于影写，不可因吝惜纸，让其在空白纸上自己写，因为这样可能会走样。如此影写完千字文后，歇息一二月不要读书，用整天的时间全部影写，由一千五百字增至二千、三千、四千字。影写之后，再让他用整天的时间对照临写。这样写一两个月，以后才能写得多写得快，运笔如飞，也永远不会走样。因为读书人在其他的地方下的工夫多，所以练习字就只能这样了。练习写字时的用笔之法，要求遵循"双钩、悬腕、让左、侧右、虚掌、实指、意前、笔后"的口诀。想要考核字写得好坏，参照说文韵会等书，从字的音义、偏傍点画，都要求考正。

一小学不得令日日作诗作对，虚费日力。今世俗之教，十五岁前，不能读记九经①正文，皆是此弊。但令习字演文之日，将已说小学书作口义②，以学演文。每句先逐字训之，然后通解一句之意。又通结一章之意。相接续③作去。明理演文，一举两得。更令知虚实死活字。但临放学时，面属一对便行，使略知对偶轻重虚实，足矣。此正为己为人，务内务外，君子儒，小人儒，之所繇④分。此心先入者为主，终此生不可夺。

【注释】①九经：九部儒家经典的合称。但因划分标准不一样，所以"九经"有不同的版本。隋炀帝以"明经"科取士，唐承隋制，规定《三礼》（《周礼》《仪礼》《礼记》）、《三传》（《左传》、《公羊传》、《谷梁传》），连同《易》、《书》、《诗》，称为"九经"；宋刻巾箱本九经白文，以《易》、《书》、《诗》、《左传》、《礼记》、《周礼》、《孝经》、《论语》、《孟子》为九经；明郝敬《九经解》，以《易》、《书》、《诗》、《春秋》、《礼记》、《仪礼》、《周礼》、《论语》、《孟子》为九经；清纳兰性德《通志堂经解》，以《易》、《书》、《诗》、《春秋》、《三礼》、《孝经》、《论语》、《孟子》、《四书》为九经；清惠栋《九经古义》，解释《易》、《书》、《诗》、《左传》、《礼记》、《仪礼》、《周礼》、《公羊传》、《穀梁传》、《论语》十经，其中《左传补注》别本单行，故称九经。②口义：古代科举考试中的口试，要求口头答述经义。③接续：跟前面的相连续，连接。④繇：通"由"，从，自。

【译文】小孩子学习时，不得让他们天天写诗作对，白白浪费时间。现在的教学，十五岁之前，还不能阅读背诵"九经"的正文，只是天天吟诗作对，就是这种弊端。应当让他们在练习写字和练习文章的时候，对已经讲说过的《小学》内容进行口头表达，开始学习写文章；对每句话先要逐字逐句地解释清楚，然后解释整句话的意义，再总结整篇文章的意思。这样连续做下去，既明白了文章的义理又练习了文章，一举两得，再教他们如何虚实灵活运用字词。只要在快放学时，当面教作一副对联便行，让他们大概知道对偶、轻重、虚实就足够了。学者是为己还是为人，是内求还是外求，是君子儒还是小人儒，正是从这里开始有所分别。这种心态一旦形成，就会先入为主，终生都不会改变。

一只日之夜，大学令玩索①已读大学。字求其训，句求其义，章求其旨。每一节，十数次涵泳②思索，以求其通，又须虚心以为之本。每正文一节，先考索③章句明透，然后撮章句之旨，以说上正文。每句要说得精确成文，钞记旨要。又考索或问明透，以参章句。如遇说性理深奥精微处，不计数看，直要晓得，记得烂熟，乃止。仍参看诸儒疏解，诸说有异处，标贴以待思问。如引用经史，先儒语，及性理，制度，治道，故事相关处，必须检寻看过。凡玩索一字一句一章，分看合看，要析之极其精，合之无不贯。去了本子，信口分说得出，合说得出，于身心体认得出，方为烂熟。朱子之训，先要熟读，须是正看，背看,左看,右看,看得是了,未可便道是,更须反复玩味,此之谓也。不必多,论语止看得一章二章三章,足矣。只要自得,先说者,要极其精通。其后未说者,一节易一节,工夫不难矣,只要记得。大学毕,次论语,次孟子,次中庸。灯火起中秋,止端午。或生徒多,参考之书难遍及,则参差④双只夜以便之。

【注释】①玩索:体味探求。②涵泳:深入领会。③考索:探索研究。④参差:近似。

【译文】一单日之夜,让学生体味研究已读过的《大学》,要求弄懂每个字的意义、每句话的意思及整篇文章的旨意;对于其中的每个章节,都要数十次的思索,深入领会,以便理解通透,还须虚心以掌握文章的本意。每学一节正文,都要先认真考查探究《大学章句》,然后总结《章句》的意思,来解说前面的正文。每句都要说得精确成文,并抄记文章旨要。还要认真研究透彻《大学或问》,以便理解学习《大学章句》。如果遇到性理深奥精微的地方,要反复阅读,直至理解并记得烂熟为止。如此还要参看众多大儒的疏解,如果众大儒理解有不同的,则标记出来以待思问。如果引用经史,先儒语,再到性理、制度、治道,故事相关之处,必须检索寻源仔细看过。只要是学习一字一句或一章,不管是分开看还是整篇看,都要极其精细地进行分析,使整篇文意贯穿。即使离开了书本,随口也能分说得出,合说得出,在身、心方面也表现得出,这样才算真正掌握。朱子的告诫,先要熟读,必须是正看,背看,左看,右看,即使看到好像理解了,也不能说就是掌握了,还须反复思考体会,说的就是这个意思。学习内容不必多,《论语》只要看二三章就行了,只要自己能有所得。先学过的,要极其精通,后面没有讲解过的,一节一节地学,所用的时间精力就不需太多了。但要记得《大学》学完后再学《论语》,再学《孟子》,再《中庸》;

学习时间从第一年中秋起，到第二年端午止。如果学生太多，参考书不够的话，那么就按单双日轮流阅读以方便他们学习。

一双日之夜倍读。只一遍。倍读一二卷，或三四卷，随力所至。记号起止，以待后夜续读。凡温书，必要倍读。才放看读，永难再倍，前功废矣。如防误处，宁以书安于案，疑处正之，再倍读。倍读熟书时，必先倍读本章正文毕，以目视本章正文，倍读尽本章注文，就思玩本章理趣。此法不惟得所以释此章之深意，且免经文注文，混记无别之患。如倍读忘处，急用遍数补之。凡已读书，一一整放在案，周而复始，以日程并书目，揭①之于壁。夏夜浴后，露坐无灯，自可倍读。

【注释】①揭：公布。本处意即贴于墙壁上。

【译文】一双日之夜背读，只要一遍，背读一二卷或三四卷，视自己的能力而定。背诵的地方做好起止记号，等到第二夜继续背读。凡是温习书本，一定要背读；如果只是看读一下将很难再背，这样就前功尽弃了。如果遇到有疑问的地方，宁可放下书，等把疑问处弄明白后再背读。背读熟书时，必先背读完本章正文，再看着本章正文，背读完本章的注文，然后再思索本章的意旨。这种方法不仅可以深入领会此章的深意，而且能免去混淆经文与注解的隐患。如果背读时有遗忘的地方，应赶快多背几遍来弥补。凡是已经读过的书，应一一整放在桌上，周而复始，根据日程列出书目，粘贴在墙壁上。夏夜沐浴后，坐在外面没有灯的地方，就可以随时背读。

一随双只日之夜，附①读看玩索性理②书。性理毕，次治道。次制度。如大学失时失序。当补小学书者，先读小学书数段。仍详看解。字字句句，自要说得通透，乃止。小学书毕，读程氏增广字训纲。次看北溪字义③，续字义。次读太极图说④，通书，西铭，并看朱子解，及何北山发挥。次读近思录，续近思录。次看读书记，大学衍义。程子遗书外书，经说文集，周子文集，张子正蒙，朱子大全集语类等书。或看或读，必详玩潜思，以求透彻融会。切己体察，以求自得。性理紧切书目，通载于此。读看者，自循轻重先后之序。有应记者，仍分类节钞。若治道，亦见西山读书记，大学衍义。

【注释】①附：附带。②性理：人性与天理。指宋儒的性理之学。③北溪字义：南宋哲学家陈淳的重要著作。原名字义详解，又称《四书字义》或《四书性理字义》，是陈淳学生王隽根据陈淳晚年讲学笔记整理而成的。此书对朱熹的哲学范畴作了阐释，分上下两卷。南宋以后，此书影响很大，被认为是学习朱熹哲学的入门教材。④太极图说：北宋著名哲学家周敦颐对《太极图》所作的解说。

【译文】一任意一晚，可附带着阅读体味性理学方面的书。性理学方面的书看完后，然后看治国之道方面的书，再看制度管理方面的书。如果读大学时没有经历过一定的顺序，应当补读小学书，可先读几段小学书，并详细阅读经文注解，直到字字句句能说得通透才能停止；小学书补读完后，再补读程逢原增广的性理字训纲；然后再看北溪《字义》《续字义》；再读《太极图说》《通书》《西铭》，并看朱子解及何北山发挥；再读《近思录》《续近思录》；再看《读书记》《大学衍义》《程子遗书外书》《经说文集》《周子文集》《张子正蒙》《朱子大全集语类》等书。或看或读，必须认真体会领悟，以求透彻融会；要切合自身实际情况去体会，以求能有所得。性理学的重要书目，全部记录在这。要读看的，可自己根据轻重先后顺序阅读；读看时有重要的，也要分类抄录下来；如果是想学治国之道，也可参考《西山读书记》《大学衍义》。

一以前日程，依序分日，定其节目，写作空眼，邢定①印板，使生徒每人各置一簿，以凭用工。次日早，于师前试验，亲笔勾销。师复亲标所授起止于簿。庶日有常守②，心力整暇③。积日而月，积月而岁，师生皆可考。施之学校公教，尤便有司拘钤④考察。小学读经习字演文，必须分日。读经必用三日。习字演文，止用一日。本未欲以此间读书之日，缘小学习字，习演口义小文词，欲使其学开笔路⑤，有不可后者故也。假如小学簿纸百张，以七十五张印读书日程，以二十五张印习字演文日程，可用二百日。至如大学。惟印读经日程。待四书本经传注既毕，作次卷工程时，方印分日读看史日程。毕，印分日读看文日程。毕，印分日作文日程。其先后次序，分日轻重，决不可紊。人若依法，读得十余个簿，则为大儒也。他年亦须自填，以自检束，则岁月不虚掷矣。今将已刊定空眼式，连于次卷。学者诚能刊印置簿日填，功效自见也。

小学书毕。

次读大学经传正文。（读书，倍温书，说书，习字，演文，如前法。）

次读论语正文。

次读孟子正文。

次读中庸正文。

次读孝经刊误。（读书，倍温书，说书，习字，演文，并如前法。）

次读易正文。（读书，倍温书，说书，习字，演文，如前法。）

六经正文，依程子、朱子、胡氏、蔡氏句读，参廖氏及古注，陆氏音义，贾氏音辨，牟氏音考。

次读书正文。

次读诗正文。

次读仪礼，并礼记正文。

次读周礼正文。

次读春秋经，并三传正文。

前自八岁，约用六七年之功，则十五岁前，小学书，四书，诸经正文，可以尽毕。既每细段看读百遍，倍读百遍，又通倍大段。早倍温册首书，夜以序通倍温已读书，守此决无不熟之理。

【注释】①邗定："邗"应为"刊"字，修改审定。②常守：素常遵行。③整暇：形容既严谨而又从容不迫。④拘钤：音jū qián，拘束；管束。⑤笔路：笔法。

【译文】一按照前面所定的日程，依时间顺序细分到日，确定每个日程的项目，划成表格，修改审定后刻板印刷，使生徒每人各置一本，作为学习依据。第二天上学时，在老师面前试验，由老师亲笔勾销。老师再亲自在学生的日程本上标记所授内容的起止。这样每天照常遵行，可让人精神饱满，从容不迫。这样一天天累积成月，积月成年，老师学生都可以自我考核教学成绩。如果把这种方法在全校施行，使之成为全校统一的教学方法，尤其便于官吏对教学的管理考察。小学生读经、习字、演文，必须设定日程表。读经必须要三天，习字、演文，只要一天。本来没打算占用这里的读书时间，但因小学生要练习写字、练习写口试时用的小文词，想以此练习他们写字的笔法，以免有些人日后不会写字，因此不可以延后。假如小学日程簿用纸百张，以七十五张印读书日程，以二十五张印习字演文日程，可用二百日。至于像大学之类的书的学习，只需印读经文的日程就行了。等四书本经、传注学完，作第二卷工作日程时，才印分日读看史的日程表；结束后再印分日读看文日程表；完成后再印分日作文日程表。其先后次序，分日轻重，绝不可乱。大家如果按照这种方法，读完十多个日程表后，就能成为大儒了。其他时间也须自己填置日程表，以自我检查约束，那么也就不会虚度光阴了。现在将已刊定的表格式日程连同次卷附后。求学的人如果能按刊印的日程表的要求每日学习,它的功效将自动表现出来。

小学书毕。

次读大学经传正文。(读书,背温书,说书,习字,演文,如前法。)

次读论语正文。

次读孟子正文。

次读中庸正文。

次读孝经刊误。(读书,背温书,说书,习字,演文,并如前法。)

次读易正文。(读书,背温书,说书,习字,演文,如前法。)

六经正文,依程子、朱子、胡氏、蔡氏句读,参廖氏及古注,陆氏音义,贾氏音辨,牟氏音考。

次读书正文。

次读诗正文。

次读仪礼,并礼记正文。

次读周礼正文。

次读春秋经,并三传正文。

前面从八岁开始,大约用六七年的时间,那么到十五岁前,小学书、四书、众多经书正文,都可以学完。前面已经每细段看读百遍,背读百遍,又通背大段;现在早上背诵温习书册前面的文章,晚上按顺序通背温习已读过的书,坚持这种方法没有不熟悉的道理。

自十五志学之年,即当尚志。为学以道为志,为人以圣为志。自此依朱子法读四书注。或十五岁前,用工失时失序者,止从此起。便读大学章句或问,仍兼补小学书。

读大学章句或问。

一读书,倍温书,所读字数,分段看读百遍,倍读百遍,并如前法。

一夜间玩索倍读已读书，玩索读看性理书，并如前法。

次读论语集注。

次读孟子集注。

次读中庸章句或问。

次钞读论语或问之合于集注者。

次钞读孟子或问之合于集注者。

次读本经。（诸经俱有钞法。详见全书。）

前自十五岁，读四书经注或问，本经传注，性理诸书。确守读书法六条。约有三四年之功，昼夜专治。无非为己之实学，而不以一毫计功谋利之心乱之。则敬义立，而存养省察之功密。学者终身之大本植矣。

四书本经既明之后，自此日看史。仍五日内专分二日，倍温玩索四书经注或问，本经传注。倍温诸经正文。夜间读看玩索温看性理书。并如前法。

看通鉴②。（看鉴读文学文，说皆精要，详见全书。）

一分日倍温玩索四书经注或问，本经传注，及诸经正文，夜间读看玩索温看性理书，并如前法。

次读韩文③。

一六日内分三日，倍温玩索四书经注或问，本经传注，诸经正文，及温看史，夜间读看玩索温看性理书，如前法。

次读楚辞。

一分日倍温玩索四书经注或问，本经传注，诸经正文，温看史，夜间读看玩温性理书，如前法。

通鉴韩文楚辞，既看既读之后，约才二十岁，或二十一二岁。仍以每日早饭前，循环倍温玩索四书经注或问，本经传注，诸经正文，温看史，温读韩文楚辞之外，以二三年之功，专力学文。既有学识，又知文体，何文不可作。

学作文。

作科举文字之法。用西山法。

读看近经问文字九日。作一日。

读看近经义文字九日。作一日。

读看古赋九日。作一日。

读看制诰表章九日。作一日。

读看策九日。作一日。

一仍以每日早饭前，倍温四书经注或问，本经传注，诸经正文，温史，夜间考索制度书，温看性理书，如前法。

【注释】①志学之年：孔子在《论语·为政》中说"吾十有五而志于学，三十而立，四十而不惑，五十而知天命，六十而耳顺，七十而从心所欲"，所以，后人便以此称十五岁为"志学之年"。②通鉴：《资治通鉴》的简称。③韩文：韩愈的文章。

【译文】从十五岁开始，即当立志。做学问应以明道为志，做人应以成圣为志。从此开始便应按照朱子法阅读四书注解。有的人在十五岁前，没有按照常规的步骤循序渐进地学习，从现在起可以直接学习《大学章句》、《大学或问》，但同时要将小学的课程补上。

读《大学章句》《大学或问》。

一读书、背诵温习书、所读字数、分段看读百遍、背读百遍，就与前面所讲方法一样。

一晚上探究背读已读过的书，体会读过看过的性理书，和前面所讲方法一样。

次读论语集注。

次读孟子集注。

次读中庸章句或问。

次抄读论语或问之合于集注者。

次抄读孟子或问之合于集注者。

次读本经。（诸经俱有钞法。详见全书。）

从十五岁开始，读四书、经注、或问、本经传注、性理诸书，如果坚持六条读书之法，大约有三四年的时间，白天黑夜专攻，只想着提高自己的真才实学，而不因一点点的功利心让学习受到扰乱，那么敬义心就能建立，因而就能存心养性，时常自我省察，由此求学之人终身的根本也就建立了。四书的本经掌握之后，就开始看史书。仍然要五天内专门分出二天，来背诵、温习、体会四书、经注、或问、本经传注，背诵温习众经书正文。晚上读看、体味、温习性理书，就像以前一样。

看《资治通鉴》。（看鉴读文学文，说皆精要，详见全书。）

一白天背诵温习体味四书、经注、或问、本经传注及诸经正文，夜间读看体味温习性理书，就像以前一样。

次读韩愈文章。

一六天内分三天，背温玩索四书经注或问，本经传注，诸经正文，及温看史，夜间读看玩索温看性理书，如前法。

次读楚辞。

一白天背温玩索四书经注或问，本经传注，诸经正文，温看史，夜间读看玩索温习性理书，如前法。

《资治通鉴》、韩愈文章、楚辞看读完之后，大约二十岁或二十一二岁。仍应在每日早饭前，循环背诵温习体味四书经注或问，本经传注，诸经正文。温读史书、韩愈文章、楚辞之外，以二三年的时间，专门学文。这样既有学识，又知文体，有什么文章不能作呢？

学作文。

作科举文字之法。（用西山法。）

读看近经问文字九日，作一日。

读看近经义文字九日，作一日。

读看古赋九日，作一日。

读看制诰表章九日，作一日。

读看策九日，作一日。

一仍在每日早饭前，背温四书经注或问，本经传注，诸经正文，温习史书，夜间研究制度书，温看性理书，如前法。

专以二三年工学文之后，才二十二三岁，或二十四五岁，自此可以应举①矣。三场既成，却旋明余经，及作古文。余经合读合看诸书，已见于前。窃谓明四书本经，必用朱子读法。必专用三年之功。夜止兼看性理书，并不得杂以他书。必以读经。空眼簿，日填以自程。看史及学文，必在三年外。又必择友，举行蓝田吕氏乡约②之目，使德业相劝，过失相规。则学者平日皆知敦尚行实，惟恐得罪于乡评。则读书不为空言，而士习厚矣。必若此，然后可以仰称科制，经明行修③，乡党称其孝悌，朋友服其信义之实，庶乎其贤材盛而治教兴也。岂曰小补。古者，大司徒④以乡三物⑤教万民，而宾兴⑥之。未有不教而可以宾兴者。方今圣朝科制明经⑦，一主程朱之说⑧，使经术理学举业⑨，三者合一，以开志道之士，此诚今日学者之大幸。第方今学校教法未立，不过随其师之所知所能，以之为教为学。凡读书才挟册开卷，已准拟作程文⑩用。则是未明道，已计功。未正谊⑪，已谋利。其始不过因循苟且，失先后本末之宜而已。岂知此实儒之君子小人，所繇以分，其有害士习，乃如此之大。呜呼，先贤教人格言大训，何乃置之无用之地哉。敢著于此，以待职教养者取焉。

【注释】①应举：封建社会中对参加科举考试的称呼，中者为举人，明清时指乡试。②蓝田吕氏乡约：指北宋蓝田人吕大临，吕大忠、吕大防、吕大钧等兄弟于北宋神宗熙宁九年（1076年）制定的"吕氏乡约"（原名蓝田公约）。③经明行修：指通晓经学，品行端正。④大司徒：官名。其职由《周礼》地方官司徒演变而来。⑤三物：指六德、六行、六艺。⑥宾兴：指周代的一种举贤之法，谓乡大夫自乡小学荐举贤能而宾礼之，以升入国学。科举时代，也指地方官设宴招待应举之士，亦指乡试。⑦明经：汉朝出现之选举官员的科目，始于汉武帝时期，至宋神宗时期废除。被推举者须明习经学，故以"明经"为名。⑧程朱之说：指程朱理学，亦称程朱道学，是宋明理学的主要派别之一，也是理学各派中对后世影响最大的学派之一。其由北宋二程（程颢、程颐）兄弟开始创立，期间经过弟子杨时，再传罗从彦，三传李侗的传承，到南宋朱熹完成。⑨举业：指应科举考试。⑩程文：科场应试者进呈的文章。也指科举考试时，由官方撰定或录用考中者所作，以为范例的文章。⑪正谊：使思想行为端正，合乎道义。谊，义。

【译文】专以二三年学文之后，才二十二三岁，或二十四五岁，从此可以参加科举考试了。乡试、会试、殿试完成后，随即又要学习未学的经书以及学作古文。合读合看未学经书的方法，前面已讲过。我个人认为要彻底掌握四书本经，必须用朱子读法，且一定要专用三年的时间；夜间停下后要兼看性理书，不能杂看其他书籍。必须以读经为目的，用空白日程表来设定自己每天的日程安排；看史书及学习写文章，必须在三年以后。同时还要注意择友，制定"蓝田吕氏乡约"之类的制度条目，使德业相互勉励，过失相互规劝。那么做学问的人平日里就都会知道推崇实行，唯恐得罪乡评了。由此读书人也就不会说大话空话，因而读书人的学习风气也就纯厚了。一定要这样，然后才可以使人仰称科制，通晓经学，品德端正，乡党称赞其孝悌，朋友佩服其信义，或许这样一来贤才将大量涌现而治教也将兴起。这怎么能说是小补呢。古时，大司徒对地方平民采用"六德"、"六艺""六行"来教化，因而有了举贤之法。没有不教育就能产生好的举贤之法的。现今朝廷选拔制度采用"明经"之法，又有主张程朱之说的，使经术、理学与科举三者合一，以开显有志于道的士人，这真是现在读书人的大幸啊。但是现今的学校没有设定教法，只是凭借老师的所知所能来教学。学生刚刚才读了一点点书，就准备在科举考试时用。这样做就导致他们学问还未成就时已经在计较功劳了；心中还没有建立起道义就已经在谋划利益。他们开始不过是沿袭旧习，敷衍应付，不顾学习应当遵循的先后顺序，本末倒置。没想到这正是读书人中君子和小人的分水岭，这种教学法对读书人的危害，竟然是如此之大！唉，先辈贤人教化育人的格言、大训，为什么会置于无用之地呢？大胆写在这里，以等待将来专职教学的人采用吧。

　　右分年日程，一用朱子之意修之。如此读书学文皆办，才二十二三岁，或二十四五岁。若紧着课程，又未必至此时也。虽前所云失时失序者，不过更增二三年耳，大抵亦在三十岁前皆办也。世之欲速好径，失先后本末之序，虽曰读书作文，而白首无成者，可以观矣。此法似乎迂阔①，而收可必之功，如种之获云。

　　【注释】①迂阔：思想行为不切合实际。
　　【译文】上面的分年日程，是根据朱子的意思修订的。像这样按日程安排读书、学文都完成后，不过二十二三岁，或二十四五岁。要是课程抓得紧的，还不一定要这么长时间。即使前面所说的学习一开始延误时间或失去次第的人，也不过只要再加二三年而已，大概在三十岁前也都可以完成了。世人想要走捷径，打乱了学习的先后本末顺序，虽说也是读书作文，但是可以看到很多人到头发白了也无所成就。这种方法似乎让人难以想象，但是可收到预期的成果，就像种什么就可收获什么一样。

读经日程

年　月　日某人

一　早令倍读册首已读书至昨日书一遍，太长则分。

起　　　　　　　止

一　面试倍读昨日书。

一　面授本日书，计字数，以约大段。面以大段分细段，令朱计段数。每细段面令读，正过句读、字音；面说，正过文义。

一　令每细段先看读百遍，即又倍读百遍。数足，挑试倍读、倍说，过而墨销朱记。后段如前段足，令通作大段倍读，试过。

起　　　　　　　止

一　挑试夜间已玩索书。

起　　　　　　　止

一　面授说已读书，就令反覆说大义，面试过。

起　　　　　　　止

一　只日之夜玩索已读书起　止　又玩索性理书。

起　　　　　　　止

一　双日之夜以序倍读凡平日已读书一遍起　止　又倍读性理书起　止

一　令暇日仿定本点句读，圈发字音。

〇凡书忘记处，朱记。即补熟，墨销。

读看史日程

年 月 日某人

五日一周详见工程

一 日 以序倍读四书经注或问一遍

以序倍读经正文

夜读看性理书并温

一 日 以序倍读本经传注一遍

以序倍读经正文

夜读看性理书并温

一 日 看读说记通鉴

参合看史

夜仿点史考释文

一 日 看读说记通鉴

参合看史

夜温记史

一 日 看读说记通鉴

参合看史

夜温记史

日填起止

小学习字演文日程

年　月　日某人

读经四日内分一日详见工程

一　早令倍读册首已读书至昨日书一遍，太长则分。

一　令影写智永千文楷书约一二十纸，写五七一易样。

一　以已读说小学书作口义。　　呈改上簿。

一　说认记字门类、平反、虚实、动静等。

一　渐长学切韵考字，始音、偏傍、音义、假借等。

一　夜以序倍读已读书一遍。

日填起止及所看所作

208

陈定宇《示子帖》

（先生名栎，字寿翁，元延佑时，休宁人）

　　宏谋按：教与学，原非二事。记曰教学相长，横渠先生①亦曰，教小童有四益，盖设诚而行，有益于人，即取益于己也。此篇即教即学，朴实典要②。至教以亲师取友，教以勤谨，无一语泛说，可与朱子训子从学帖参看。已刊入小学后。

　　【注释】①横渠先生：即张载，字子厚，长安人，宋朝理学家、哲学家。学古力行，为关中士人宗师，世称为横渠先生。②典要：简要而有法度。

　　【译文】宏谋按：教与学，原来不是两回事。《学记》上说教学相互促进，张载也说道，教育小儿有四个好处，诚心去做就对别人有好处，同时也是对自己有好处。这一篇就是即教即学的，朴实而简要。至于教育子弟们亲近师长、选择善友，教育他们处事勤奋谨慎，没有一句话是泛泛之谈，它可以和朱子训子的从学帖一起来参照观看。这个帖子已经刊登到《小学》的后面。

　　我本未欲遣汝出，偶遇机会，故如此。汝须是自卓立①，自求长进，不可如前悠忽②。

【注释】①卓立: 耸立, 特立。②悠忽: 悠闲轻忽, 指虚度光阴。

【译文】我本来没有打算把你送出去, 偶然遇到一个机会, 所以就这样做了。你应当自身独立, 自己求取上进, 不能再如以前那样悠闲轻忽虚度光阴了。

　　幸遇亲家执敬老师, 重厚典刑, 可以取法。姊夫子静先生, 博淹修洁, 可以请益。好文字, 好说话, 随手录取, 归日要观, 仲文非特益友, 实足为汝师。渠之言, 一一谨守而力行之, 永永无失。

【译文】幸好遇到了亲家执敬老师, 注重为人师表, 可以效法。姐夫子静先生知识渊博, 修养高洁, 可以学习请教。好的文字和好的语言可以随手记录下来, 待到回去之后就阅览那些精要的语句, 仲文不仅仅只是你的一个好友, 实在是可以当你的老师。他的话, 你应当一一遵守并且亲身实践, 永远都不要忘记。

　　今受人子弟之托, 须是以教人为急。自己事, 且放缓。然教人读, 即是我读。教人做文字, 即如自做。教人解书, 即是自解。教人熟记, 即是自熟自记。教人便是自学, 如此力行, 不特①人有长进, 我亦自有长进。教小童, 虽不能与尽解, 我却不可不自晓得。须每日随人所上之书, 逐段自解。不可徒读其句读, 不晓其道理, 如和尚念经也。

【注释】①特: 单独, 仅。

【译文】如今受别人子弟的托付, 应该以教育别人为急要。自己的事且先放一放。教别人读书就相当于是自己在读; 教别人做文字就如同我自己在做文字；教别人理解书中的知识就如同我自己寻求理解；教别人熟练地记诵，也就等于是自己要熟练记诵，教别人都等于在自学，如果就这样用力实行，不仅仅别人会有长进，我自己也会有长进。教育小童子，虽不能完全给他们做好解释，但我自己不能不知道如何解释。应该每天随着别人上承的书逐段做好解释，不能只读句读，而不知道句子里面的意思，就像和尚念经一样。

陈定宇《示子帖》

每日早起晏眠，莫妄出，并与人闲说话，惹是非。待学生，必正色端庄。如此，决不遭侮。须是勤而有常，谨而不敢轻易。能守得勤谨二字，万万无失。言语要简而当，从容而分明，最不要夸张妄诞。学生事业，与主人商量，各人具一日程，而日日谨守之。

【译文】每天早起晚睡，不要妄自出去，不要和别人说闲话，惹是非。对待学生一定要颜色端正，面目端庄。这样，一定不会遭到侮辱。应该勤奋而有常，谨慎而不能掉以轻心，能守得住"勤谨"这两个字，万万之中就没有什么遗失了吧。说话要简明而恰当，做事要从容而有条理，尤其不要夸张虚妄了。学生的课业要和主人商量，每人每天都要有一定的数量，并且天天都要保持这个数量。

王文成公《训蒙教约》

(公名守仁，明浙江余姚人，学者称阳明先生，封新建伯，从祀庙庭。)

宏谋按：诗礼之教，圣门首重，岂独童子哉。而童子知识方开，志趋未定。天良易动，理义未深。歌之以诗，则吟咏之间，抑扬反复，其言易入。而礼也者，所以固人肌肤之会，筋骸之束，约之于规矩之中，使侈肆之习，自幼而渐消者也。近世师生，多以歌诗习礼为迂。阳明先生，反复言之，意深切矣。独是礼不外冠婚丧祭乡相见六者，久有成书，均所宜习。惟诗歌种类不一。愚意为童子计，宜取其有关伦理性情，而又易知易从者。偶得汪君薇所撰试论，叹其用意之善，有功诗教，因采得数十首附于后。若可歌者，正不止此也。他如风云月露，雕琢虽工，无裨性情，此不必歌者也。若夫靡曼之音，等于郑卫，实童子迷性之曲蘖①。此万万不可歌者也。

【注释】①曲蘖：也作"曲糵"。酒母。

【译文】宏谋按：诗和礼的教导，是圣门首先推重的，怎么会只有童子才学习呢？童子的知识渐渐地开化，但志向兴趣还没有定下来，他们的天性良知容易被动摇，心中对理义的理解体悟还不够深入，如果他们歌吟诗句，那么在吟咏之间，随着声调的抑扬反复，诗歌中的语言就很容易深入其心。而礼仪是用来约束他们有男女肌肤之亲，约束他们的身体，让他们的行为都符合规矩，使他们傲慢放肆的性情习气，小的时候就渐渐地消失。近一代的师生都认为吟咏诗经，学习礼为迂腐。王阳明先生就反复强调这件事，他所说的言语是很深刻的。而现在的情况是，在礼仪这方面，不外乎冠、婚、丧、祭、乡、相见六个礼节，很久以前就已经成书，都可以去学习。只有诗歌的种类很多，题材和内容不一。我觉得为童子着想，应当选取有关讲求伦理性情，又很容易被童子们理解、学习的诗歌。偶然之间得到了汪君薇所撰写的试论。感慨他的用意是非常得好，在诗歌的教育上是非常有功的，因而就择取了数十首诗歌附在了后面。类似这样可以让童子歌吟的，当然远不止于此，其他的诗歌如专门描写风云月露之类的东西，对童子的性情没有裨益，这些都是没有必要歌吟的，对于那些靡靡之音，就和郑卫之音无异了，实在是迷失童子天性的罪魁祸首，这些是万万不能歌咏的呀！

古之教者，教以人伦。今教童子，惟当以孝悌忠信礼义廉耻为要务。其栽培涵养之方，则宜诱之歌诗，以发其志意。导之习礼，以肃其威仪①。讽之读书，以开其知觉。今人往往以歌诗习礼，为不切要务。此皆末俗庸鄙之见，乌足以知古人立教之意哉！大抵童子之情，乐嬉游而惮拘检，如草木之始萌芽，舒畅之则条达，摧挠之则衰痿②。今教童子，必使其趋向鼓舞③，中心喜悦，则其进自不能已。故凡诱之歌诗者，非但发其志意而已。亦所以泄其跳号于咏歌，宣其幽抑结滞于音节也。

【注释】①威仪：古代祭祀等典礼中的各种礼仪细节。②痿：病名。身体的一部分萎缩或时期机能。③鼓舞：激发。

【译文】古代教人的人，教给子弟们以人伦之理。现在教育童子，也还是应当以孝悌忠信礼义廉耻最为紧要而且是必须的，而栽培童子涵养他们性情的方法则适合用歌吟诗句的方法来引诱，用诗歌来引发他们的志趣和意念；引导他们学习礼仪，用来规整庄重他们的威仪；让他们读诵经典就是来开启他们本有的智慧和觉悟。现在的人都认为吟咏诗歌学习礼仪是没有实用的，这些都是末俗平庸鄙夷的见解，哪里能够知道古人立教的意义之所在呢？一般来说，童子的性情喜欢嬉戏游乐而害怕拘束监管。他们如同草木刚刚萌芽，让它们舒张自如，它们就长得枝条茂盛，摧折阻挠它们，它们就会衰败萎蔫。现在教育童子，就必须使他们的内心受到激发，让他们的内心感到喜悦欢畅，那么他们就会自发的努力向上。所以凡是引诱他们吟咏诗歌，不但是激发他们的志向和意趣，也可以让他们的活力在歌吟中得到发泄，让他们幽禁、抑郁、郁结的情怀在优美和谐的音律中得到舒展。

导之习礼者，非但肃其威仪而已。亦所以周旋①揖让，而动荡其血脉，拜起屈伸，而固束其筋骸也。讽之读书者，非但开其知觉而已，亦所以沉潜②反复而存其心，抑扬③讽诵以宣其志也。是盖先王立教之微意也。若近世之训蒙稚者，惟督以句读课仿。责其检束④，而不知导之以礼。求其聪明，而不知养之以善。鞭挞⑤绳缚，若待拘囚。彼视学舍如囚狱而不肯入。视师长如寇仇⑥而不欲见。窥避掩覆，以遂其嬉游。设诈饰诡，以肆其顽鄙。偷薄⑦庸劣，日趋下流。是盖驱之于恶，而求其为善也，何可得乎。

【注释】①周旋：行礼时进退揖让的动作；也指应酬交际。②沉潜：深刻思考。③抑扬：高低起伏。④检束：检点约束。⑤鞭挞：鞭打驱使。⑥寇仇：仇敌。⑦偷薄：轻薄，不庄重。

【译文】引导子弟们学习礼仪，不但使其威仪变得庄重肃穆，也能让他们学会行礼进退作揖礼让，并且可以使身躯血脉活跃起来，通过身体的一拜一起，一曲一伸，使他们的筋骨变得坚固。让子弟们读书不单单是开发他们的智慧，也是让他们在对圣贤经典的反复诵读和温习、体悟中领会人生的真谛，通过高低起伏的诗歌吟咏使情感得到抒发。这就是先王立教微妙的含义吧! 而近代训导童稚的人仅仅督促他们学习句读做好功课，要求他们检点和约束自己，而不知道用礼来教导他们。渴求他们能够变得聪明睿智而不知道用伦理道德来教养他们。用鞭打他们、用绳捆缚他们，就好像是对待囚禁的犯人一样，因此，他们也把学舍看成是牢狱而不愿意进入，把师长看成是仇敌而不想见，窥探躲避掩身自己偷偷地嬉戏打闹，设计诡诈的小计谋肆意顽劣鄙陋，轻薄庸俗顽劣日渐趋于下流。这样做就等于是一面在把他们驱赶到邪恶当中去，一面又要让他们从善，怎么可能做到呢?

每日清晨，诸生参揖毕，学师以次遍询诸生，在家所以爱亲敬长之心，得无懈忽，未能真切否? 温清定省之宜，得无亏缺，未能实践否? 往来街衢，步趋礼节，得无放荡[1]，未能谨饬[2]否? 一应言行心术。得无欺妄[3]非僻，未能忠信笃敬否? 诸童子务要各以实对，有则改之，无则加勉。学师复随时就事，曲加诲谕开发。然后各退，就席肄业[4]。

【注释】①放荡: 不受拘束，恣意放任。②谨饬: 同"谨敕"谨慎整饬，细密周到。③欺妄: 欺骗狂妄。④肄业: 进修学业。

【译文】每天早晨，所有的学生参拜老师作揖完毕。学堂的老师就要依次问遍所有的学生，在家里敬爱双亲尊敬长上之心，有没有懈怠轻忽，是不是真正做到了？冬温夏清早请安晚省视之事，有没有亏漏缺失，是不是能够实际做到了？在大街上往来行走，行步走路的礼节方面有没有放逸之处，是不是做到了谨慎整饬？所有的言谈举止和用心，有没有欺骗和狂妄，错误和邪僻，是不是做到了忠诚有信，笃实恭敬？各个童子都必须据事实回答，有错的就改正，没有错的就继续努力，学堂的老师再随机就事，多方加以教导启发。然后，童子们都各自退回到自己的席位上继续学习。

论语弟子章，乃千古蒙养极则，今人以读书为举业所尚，惟知专重学文，即或于读书作文之外，偶及敦本力行，然终非"行有余力，则以学文"之意。阳明先生此法，于每日清晨，将孝悌谨信诸事，逐一询问登答，然后就席肄业，师弟之间，需时不多，未尝有妨诵读。而每日如此，为弟子者，皆知现在之日用常行，即为切要之日程功课。经一番提问，便有一番领悟，便增一番劝戒，与弟子章吻合，以此为圣门蒙养的派可也。

【译文】《论语》弟子章所说的：弟子入则孝，出则弟，谨而信，泛爱众，而亲仁，行有余力，则以学文。是千古蒙以养正的最好规矩。现在人因读书考取功名的必由之路，所以只知道专门重视学习文章，即使有的时候在学习作文之外，偶然也会教学生于做人的根本处努力践行，但终究不是"行有余力，则以学文"的意思。王阳明先生这种方法，在每天早晨，将孝悌忠信等事都逐一地询问子弟们，让他们一一回答，然后再退回座位继续学习。老师和子弟们之间所用的时间并不多，不会妨碍诵读的时间。每天这样，做子弟们的，就都知道现在日常所行所做，都是每天最重要的功课。子弟们经过一番提问，便会多一番领悟，增加一番劝告和训诫，这种做法和论语中的弟子章相吻合，以这种做法作为圣门蒙以养正的方法是可以的。

凡歌诗，须要整容定气，清朗其声音，均审其节调。毋躁而急，毋荡而嚣①，毋馁而慑②。久则精神宣畅，心气和平矣。每学分为四班，每日轮一班歌诗，其余皆就席，敛容③肃听。每五日，则总四班递歌之。

【注释】①嚣：浮躁，轻狂。②慑：恐惧，害怕。③敛容：脸色严肃起来，表示尊敬。

【译文】凡是吟咏诗歌，应该要整肃容颜稳定气息，使声音清晰明朗，使音节平调均匀，不要因为急躁而慌张，不要因为放逸而浮躁轻狂，不要因为气馁而害怕，时间长了精神自然而然便会疏通流畅，心平气和了。每一次学诗分为四个班，每天都要轮到一个班来吟咏诗歌，其余的子弟们都退回到自己的席位，表情严肃凝神聆听，每到第五天，就让四班接着循环歌咏。

凡习礼，须要澄心肃虑，审其仪节，度其容止。毋忽而惰，毋沮而怍，毋径而野。从容而不失之迂缓，修谨而不失之拘局。久则体貌习熟，德性坚定矣。童生班次，皆如歌诗。每间一日则轮一班习礼，其余皆就席，敛容肃观。习礼之日，免其课仿。每十日，则总四班递习之。

【译文】凡是学习礼节，就要澄澈心念肃静思虑，审慎自己的仪容礼节，使自己的仪容举止适度，不要轻忽怠惰，不要沮丧而惭愧，不要任性而粗野。从容而不能丢掉徐缓，修持谨慎而不能失去气度胸襟。时间长了就会行止风度习练娴熟，德行天性坚定了。童子学生的分班和次第都和吟咏诗歌一样，每隔一天就轮一班学习礼节，其余的童子都退回自己的席位，表情严肃凝神观看，学习礼节这一天可以免去这一天的功课。每十天，这四个班就要再循环学习。

按：礼即冠婚丧祭之礼。丧礼止须讲明。其冠婚祭三礼。先为讲演习熟，以次为其大者。（或不习婚礼，而益以乡饮酒礼，士相见礼，更善。）

【译文】按：礼指的就是冠、婚、丧、祭的礼仪。丧礼只须要讲解清楚就行了。其他的冠、婚、祭三种礼仪，先要讲解演习熟练，演习的次序可以按照规模，由小到大来进行。（也有的不演习婚礼，而增加了乡饮酒礼、士相见礼，则更佳。）

凡授书，不在徒多，但贵精熟。量其资禀，能二百字者，止可授一百字。常使精神力量有余，则无厌苦之患，而有自得之美。讽诵之际，务令专心一志，口诵心维，字字句句，绅绎[1]反复，抑扬其音节，宽虚其心意，久则义礼浃洽[2]，聪明日开矣。

【注释】①绅绎：引出端绪。②浃洽：融会贯通。

【译文】凡是教授读书，不在于求多，只是贵在精炼纯熟。要根据各人的资质秉性，可以教给他们200字的，就只能教给他们一百字。常常使他们的精神力量充沛，那么就不会有厌倦苦恼的忧虑，而是有自己得到掌握经典的快乐。在朗诵诗书的时候，一定要让子弟们专心致志，嘴里面诵念，心里面默记，一字一句，反复地理清头绪，使音节高低起伏，使心意宽缓虚静，时间长了义理礼节就会学得融会贯通，一天比一天聪明了。

每日工夫，先考德，次背书诵书，次习礼或作课仿，次复诵书讲书，次歌诗。凡习礼歌诗之类，皆所以常存童子之心，使其乐习不倦，而无暇及于邪僻。教者知此，则知所施矣。

【译文】每天的工夫，先要考查德行，其次再考查背书、诵书的情况，再其次就是学习礼仪或做功课，再其次就是背诵书讲解书，再其次就是吟咏诗歌。凡是习礼咏诗这一类，都是让子弟们常存童子的天真良善之心，让他们乐于学习而不知疲倦，而没有时间顾及学习那些邪僻的行径，做老师的如果明白了这一点，那么就懂得如何施教了。

附歌诗

咏 史

班固（字孟坚）

三王德弥薄，惟后用肉刑。太仓令有罪，就逮长安城。
自恨身无子，困急独茕茕。小女痛父言，死者不可生。
上书诣阙下，思古歌鸡鸣。忧心摧折裂，晨风扬激声。
圣汉孝文帝，恻然感至情。百男何愦愦，不如一缇萦。

豫章行

曹植（字子建）

鸳鸯自朋亲，不若比翼连。他人虽同盟，骨肉天性然。
周公穆康叔，管蔡则流言（同气相戕）。子臧让千乘。季札慕其
贤。

木兰歌

无名氏

唧唧复唧唧，木兰当户织。不闻机杼声，惟闻女叹息。

问女何所思，问女何所忆。女亦无所思，女亦无所忆。

昨夜见军帖，可汗大点兵。军书十二卷，卷卷有爷名。

阿爷无大儿，木兰无长兄。愿为市鞍马，从此替爷征。

东市买骏马，西市买鞍鞯。南市买辔头，北市买长鞭。

旦辞爷娘去，暮宿黄河边。不闻爷娘唤女声，但闻黄河流水鸣溅溅。

旦辞黄河去，暮至燕山头。不闻爷娘唤女声，但闻燕山胡骑鸣啾啾。

万里赴戎机，关山度若飞。朔气传金柝，寒光照铁衣。

将军百战死，壮士十年归。归来见天子，天子坐明堂。

策勋十二转，赏赐百千强。可汗问所欲，木兰不用尚书郎。

愿驰千里足，送儿还故乡。（脱身便捷。有智女子。）

爷娘闻女来，出郭相扶将。阿妹闻姊来，当户理红妆。

小弟闻姊来，磨刀霍霍向猪羊，

开我东阁门，坐我西阁床。脱我战时袍，着我旧时裳。

当窗理容鬓，对镜贴花黄。出门看火伴，火伴始惊惶。

同行十二年，不知木兰是女郎。（十二年苦心。从火伴口中点出。）

雄兔脚扑朔，雌兔眼迷离。双兔傍地走，安能辨我是雄雌。

哀王孙

杜甫（字子美）

长安城头头白乌，夜飞延秋门上呼。又向人家啄大屋，
屋底达官走避胡。金鞭断折九马死，骨肉不待同驰驱。
腰下宝玦青珊瑚，可怜王孙泣路隅。点题。问之不肯道姓名，
但道困苦乞为奴。已经百日窜荆棘，身上无有完肌肤。
高帝子孙尽隆准，龙种自与常人殊。豺狼在邑龙在野，
王孙善保千金躯。不敢长语临交衢，且为王孙立斯须。忠爱宛
然。

昨夜春风吹血腥，东来橐驼满旧都。（身落贼中。情景如是。）
朔方健儿好身手，昔何勇锐今何愚。窃闻太子已传位，
圣德北服南单于。花门剺面请雪耻，慎勿出口他人狙。（狙。窃听
也。）

哀哉王孙慎勿疏，五陵佳气无时无。（明知唐祚未绝，不徒作慰籍
语。）

忆舍弟

于逖

衰门少兄弟，兄弟惟两人。（一起凄然。）饥寒各流荡，感念伤我
神。

夏期秋未来，孰知无他因。不怨别天长，但愿见尔身。
茫茫天地间，万类各有亲。安知尔与我，乖隔同胡秦。
何时对形影，愤懑当共陈。

符读书城南

韩愈（字退之）

木之就规矩，在梓匠轮舆。人之能为人，由腹有诗书。
诗书勤乃有，不勤腹空虚。欲知学之力，贤愚同一初。
由其不能学，所入遂异闾。两家各生子，孩提巧相如。
少长聚嬉戏，不殊同队鱼。年至十二三，头角稍相疏。
二十渐乖张，清沟映污渠。三十骨骼成，乃一龙一猪。
飞黄腾踏去，不能顾蟾蜍。一为马前卒，鞭背生虫蛆。
一为公与相，潭潭府中居。问之何因尔，学与不学欤。
金璧虽重宝，废用难贮储。学问藏之身，身在则有余。
君子与小人，不系父母且。不见公与相，起身自犁锄。
不见三公后，寒饥出无驴。文章岂不贵，经训乃菑畲。
潢潦无根源，朝满已夕除。人不通古今，马牛而襟裾。
行身陷不义，况望多名誉。时秋积雨霁，新凉入郊墟。
灯火稍可亲，简编可卷舒。岂不旦夕念，为尔惜居诸。
恩义有相夺，作诗劝踌躇。

游子吟

孟郊（字东野）

慈母手中线，游子身上衣。临行密密缝，意恐迟迟归。
谁言寸草心，报得三春晖。

223

雉将雏

王建（字仲初）

雉咿喔，雏出壳。毛斑斑，嘴啄啄。学飞未得一尺高，
还逐母行旋母脚。麦陇浅浅难蔽身，远去恋雏低怕人。
时时土中鼓两翅，引雏食虫不相离。

燕诗示刘叟

白居易（字乐天）

叟有爱子，背叟逃去，叟其悲念之，叟少年亦尝如是，作燕诗以
谕之。

梁上有双燕，翩翩雄与雌。衔泥两椽间，一巢生四儿。
四儿日夜长，索食声孜孜。青虫不易捕，黄口无饱期。
觜爪虽欲弊，心力不知疲。须臾千往来，犹恐巢中饥。
辛勤三十日，母瘦雏渐肥。喃喃教言语，一一刷毛衣。
一旦羽翼成，引上庭树枝。举翅不回顾，随风四散飞。
雌雄空中鸣，声尽呼不归。却入空巢里，啁啾终夜悲。
燕燕尔勿悲，尔当返自思。思尔为雏日，高飞背母时。
当时父母念，今日尔应知。

四时读书乐 四首

朱子

山光照槛水绕廊，舞雩归咏春风香。好鸟枝头亦朋友，

落花水面皆文章。蹉跎莫遣韶光老。人生惟有读书好。
读书之乐乐何如，绿满窗前草不除。（春）
新竹压檐桑四围，小斋幽敞明朱曦。昼长吟罢蝉鸣树，
夜深烬落萤入帏。北窗高卧羲皇侣。只因素蠹读书趣。
读书之乐乐无穷，援琴一奏来熏风。（夏）
昨夜庭前叶有声，篱豆花开蟋蟀鸣。不觉商意满林薄，
萧然万籁涵虚清。近床赖有短檠在，趁此读书功更倍。
读书之乐乐陶陶，起弄明月霜天高。（秋）
木落水尽千崖枯，迥然吾亦见真吾。坐对韦编灯动壁。
高歌夜半雪压庐。地炉烹泉然活火，一清足称读书者。
读书之乐何处寻，数点梅花天地心。（冬）

过林黄中食柑子有感学宛陵先生体

陆游（字放翁）

博士得黄柑，甚爱不忍擘。持奉太夫人，远附海上舶。
故山饶氛雾，可使酒杯窄。岂无荔枝好，餍饫恐不摘。
相去三千里，无异娱旁侧。乃知母子意，更远未尝隔。
我昨往见君，从容弄书册。药分腊剂香，茶泛春芽白。
主意顾未厌，筐筥自搜索。敢谓甘旨余，亦及此下客。
霜苞才三四，气可压千百。重是慈孝物，不敢吐其核。
甘寒虽绕齿，悲感已横臆。半生无欢娱，初不为湮厄。
尔有母遗，繄我独无。

感事示儿孙

陆游

人生读书本余事，惟要闭门修孝弟。畜豚种菜养父兄，
此风乃可传百世。我闻长安官道傍，至今人指魏公庄。
北方俗厚终可意，一字不识勤耕桑。

宿彭山县终夜有声

陆游

木欲静，风不止。子欲养，亲不留。夜诵此语涕莫收，
吾亲之殁今几秋。尚疑舍我而远游，心冀乘云返故邱。
再拜奉觞陈膳羞，陶盎冶米声叟叟。木甑吹麸香浮浮。
苾姜屑桂调甘柔。稚鳖煮臛长鱼，夜敷枕席视衾裯。
晨起笼进衣裘，哀哉此志终莫酬。有言不闻九泉幽。
北风岁晚号松楸，哀哉万里为食谋。

训子

许衡（字鲁斋）

干戈恣烂熳，无人救时屯。中原竟失鹿，沧海变飞尘。
我自揣何能，能存乱后身。遗芳袭远祖，阴理出先人。
俯仰意油然，此乐难拟伦。家无担石储，心有天地春。
况对汝二子，岂复知吾贫。
大儿愿如古人淳，小儿愿如古人真。生平乃亲多辛苦，

愿汝苦辛过乃亲。身居畎亩思致君，身在朝廷思济民。
但期磊落忠信存，莫图苟且功名新，斯言殆可书诸绅。

山中梦母

刘宗远

霜月照屋壁，霜风涌江波。终夕不能寐，展转思怀多。
忽梦吾母来，宛然度山阿。但问儿衣薄，语短不及他。
儿寒尚可忍，地下知如何。

勉学诗

方孝孺（字正学）

莫驱屋上乌，乌有反哺诚。莫烹池上雁，雁行如弟兄。
流观飞走伦，转见天地情。人生处骨肉，胡不心自平。
田家一聚散，草木为枯荣。我愿三春日，垂光照紫荆。
同根而并蒂，蔼蔼共生成。

爱日堂

方孝孺

白日丽青天，朝出扶桑暮虞渊。堂上有亲雪满巅，
坐看白日心茫然。长绳不可系，急景如流川。
羲和羲和停尔鞭，高堂一日如千年。

游子吟

袁凯（字景文）

游子行万里，母心亦如之。陆行是虎豹，水行有蛟螭。
盗贼凌寡弱，风露乘寒饥。谁云高堂安，中有万险危。
寄言里中子，亲在勿远离。

望月思亲为韦谧作

沈周（字石田）

韦郎五岁失其母，恃有父存未知苦。长来见父不见母，
欲入地求地无户。仰天见缺月，似我独见父。
明朝又是月圆时，死者安能复如此。
尝尝见月便断肠，天或哀怜为风雨。

萱庭春意为胡景仁作

无名氏

春庭种萱春日长，春风吹衣春酒香。闭门读书母在堂，
百亩之稻五亩桑。萱能忘忧，无忧可忘。
晨羹须调不须鲤，妇善奉姑姑自喜。
阿孙来来花下戏，慎勿伤花失婆意。

屠提学《童子礼》

（公名羲时，宣城人，明嘉靖进士浙江提学副使。）

易①曰：蒙以养正，圣功也，而养正莫先于礼。盖人之自失其正，以自外于圣人之途者，率以童幼之年，不闻礼教②，则耳目手足，无所持循③，作止语默④，无所检束。及其既长，沿习偷安，徇情⑤任气⑥，如已决之水，不可堤防，已放之条⑦，不可盘郁⑧，何所不至哉。

【注释】①易：即《易经》，也称《周易》，据说是由伏羲氏与周文王（姬昌）根据《河图》、《洛书》演绎并加以总结概括而来（同时产生了易经八卦图），是华夏五千年智慧与文化的结晶，被誉为"群经之首，大道之源"。②礼教：礼仪教化。③持循：犹遵循。④作止语默：行动、静止、说话和沉默。多泛指人的行为言谈。检点约束。⑤徇情：曲从私情。⑥任气：处事纵任意气，不加约束。⑦条：小枝，植物的细长枝。⑧盘郁：盘曲美盛貌。

【译文】《易经》上说，在孩子幼年的时候培养他的正知正见，这种教育是造就圣人的功业，而培养正知正见必须从礼教入手。人们迷失正道，以至于背离圣人之道的原因，大都是因为童年时没有受到礼仪的教化，所以眼耳手足不知道该遵循什么，言谈举止不知道该如何检点约束。等到长大了，因袭儿时养成的习惯，依着感情、性子去做。

就像决堤的水一样，无法阻挡它的泛滥；像不加修剪的枝条一样，无法使它曲折优美，还有什么事情不可能发生呢？

是故朱子①小学，必先洒扫应对之节，程子②谓即此便可达天德，信非诬也。世之父兄，既以姑息为恩。而为之师者，日役役焉以课程为急。故一切礼教，废阁不讲，童蒙③何赖焉。兹本曲礼④，内则⑤，少仪⑥，弟子职⑦，诸篇。附诸儒训蒙要语，辑为童子礼。

【注释】①朱子：(1130年—1200年)南宋著名的理学家、新儒家朱熹，雅号朱文公，字元晦，号晦庵、晦翁，别号紫阳，晚年自称"茶仙"，祖籍徽州婺源(今属江西)，出生于南剑州尤溪(今福建尤溪县)。朱熹为北宋以来理学之集大成者，被尊为古代理学正宗，后人将他视为儒学宗师。其思想学说从元代开始成为中国的官方哲学。②程子：即二程中的程颐(1033年—1107年)，教育家，字正叔，人称伊川先生，北宋洛阳人，与其胞兄程颢共创"洛学"，为理学奠定了基础。③童蒙：无知的儿童。④曲礼：《礼记》的一部分。曲为细小的杂事，礼为行为的准则规范，"曲礼"是指具体细小的礼仪规范。⑤内则：《周礼》的一部分，主要内容是记载男女居室事父母、舅姑之法。即是指家庭主要遵循的礼则。如儿子孝敬父母，媳妇孝敬公婆，有关夫妇之礼仪等。除此之外，本章还记载有关饮食制度、养老礼及一些曾子论孝的文字。⑥少仪：《礼记》的一部分，是贵族弟子应学的礼仪。⑦弟子职：《管子》的一部分，记录弟子事师、受业、馈馔、洒扫、执烛坐作、进退之礼，是齐国的稷下学宫制定的第一个学生守则。

【译文】因此朱熹在《小学》中提出儿童必须首先学习洒扫应对之礼，颐认为只此便可以达到天性之德，确实不是欺骗众人。世上的父兄，以纵容孩子为恩义，而作老师的，又天天辛辛苦苦地急于教授课程。所以，一切礼仪教化都废弃不讲了，幼稚的孩子依靠什么得以成人呢？这里依据《曲礼》《内则》《少仪》《弟子职》各篇，加上各位儒学大家训戒启蒙儿童的重要言论，辑录成《童子礼》。

宏谋按：童子之礼，集中前编已载之矣。兹篇自饮食坐卧，以及待人接物，皆有法度^①。比前诸条，更为切近。童子所不可一日无者也。其所定仪节，悉本诸礼经，非同臆说^②。童子循而习之，其心安焉。所以检束身心者在此，所以引之于爱亲敬长者，亦即在此矣。

【注释】①法度：规矩、规范。②臆说：主观地毫无根据地叙说。

【译文】宏谋按：童子的礼仪，前人编撰的都有记载。这篇文章从饮食坐卧，到待人接物，都有规范，与前人编撰的各条礼仪相比，更为贴近，是童子一天都不能缺少的。其所定的礼节，都依据礼经，并不是毫无根据地叙说。童子若能遵循并反复练习，他们的心将会得以安定。用以检束身心的方法在此处，用来引导童子爱亲敬长的方法也在此处。

晨兴，即当盥栉^①以饰容仪。凡盥面，必以巾帨^②遮护衣领，卷束两袖，勿令沾湿。栉发，必使光整，勿散乱。但须敦尚朴雅，不得为市井浮薄之态。

【注释】①盥栉：音guàn zhì，梳洗整容。②帨：音shuì，古代的佩巾，像现代的毛巾。

【译文】早上起来，就应当梳洗整容，以修饰容貌仪表。洗脸，必须用毛巾遮护衣领，将两袖卷起以免弄湿；梳头，必须使头发光滑整齐，不要散乱。只须崇尚朴素雅致，不得做粗俗鄙陋轻浮之态。

凡着衣，常加爱护。饮食须照管。勿令点污。行路须看顾，勿令泥渍。遇服役，必去上服，只着短衣，以便作事。有垢破，必洗浣补缀，以求完洁。整衣欲直，结束欲紧。毋使偏斜宽缓。上自总髻^①，下及鞋履，加意修饰，令与礼容相称。其燕居^②及盛暑时，尤宜矜持，不得袒衣露体。（能如此，虽服布素，亦自可观。今世父母，华其子之衣履，而不能约之以礼，竟亦何益。）

【注释】①总髻：又称总角，古代未成年的人把头发扎成髻（束发为两结，向上分开，形状如角，故称总角）。②燕居：闲居。《礼记·仲尼燕居》："仲尼燕居，子张、子贡、言游侍。"

【译文】凡穿衣服，应常加爱护，饮食时须照应着，不能弄脏了衣服；走路须照顾脚下，不能沾上泥渍。若是劳作，必须脱掉上衣，只穿短装，以便做事。衣服脏了或破了，应当洗涤缝补，以求整洁。整理衣裳要弄直，扎缚要紧，不要使衣服不正且过于宽松。上自总角，下自鞋子，要特别注意修饰，使其和礼制仪容相配。闲居和盛夏时尤其要注意保持庄重，不得袒露身体。（能做到这样，即使衣着俭朴，也一样优美好看。如今的父母，给孩子穿着华美的衣服和鞋子，而不能以礼来约束孩子，究竟又有什么益处呢？）

凡叉手^①之法，以左手紧把右手大拇指。其左手小指向右手腕。右手四指皆直。以左手大指向上。以右手掩其胸。手不可太着胸。须令稍离方寸。（礼称手容恭敬，童子叉手有法，则拜揖^②之礼，方可循序而进。）

凡揖时，稍阔其足，则立稳。须直其膝，曲其身，低其首。眼看自己鞋头，两手圆拱而下。凡与尊者^③揖，举手至眼而下。与长者揖，举手至口而下。与平交者揖，举手当心而下。手随身起，叉于当胸。

养正遗规

【注释】①叉手：指两手相交。叉，相交，本义为割草或收割谷类植物。②拜揖：打躬作揖。③尊者：辈分或地位高的人。

【译文】叉手的方法，是用左手紧紧抓住右手大拇指，左手小指对着右手腕，右手四个指头都伸直，左手拇指在上，右手遮住胸口，手不能碰到胸，必须稍微离开一点，大约一寸左右。教孩子行礼时，要告诉孩子手应能体现自己的恭敬之心，儿童叉手有了规矩，才可以循序渐进，继而学习打躬作揖的礼仪。

作揖时，两脚的距离稍稍放宽，这样就可以站稳，必须伸直膝盖，弯曲身体，将头低下，眼睛看着自己的鞋头，两手抱圆顺势而下。给尊者作揖时，手抬到眼睛处，顺势而下，给年长的人作揖，手抬到口处，顺势而下，给平辈作揖时，手抬到胸口处，顺势而下，手随身体而起，相交于胸前。

凡下拜之法，一揖少退，再一揖，即俯伏。以两手齐按地，先跪左足，次屈右足。顿首①至地，即起，先起右足，以双手齐按膝上，次起左足。仍一揖而后拜。其仪度以详缓②为敬，不可急迫。

低头拱手③。稳下双膝。腰当直竖，不可蹲踞④。以致恭敬。（跪者，卑幼事尊长之常礼。请问献进，俱当长跪⑤。或尊长有咈意怒色，则不待呵斥，先跪以听戒责。）

凡立，须拱手正身，双足相并。必顺所立方位，不得歪斜。若身与墙壁相近，虽困倦，不得倚靠。

【注释】①顿首：跪而头叩地为顿首。"顿"是稍停的意思。行礼时，头碰地即起，因其头接触地面时间短暂，故称顿首。②详缓：和缓。详，通"祥"。③拱手：也称"拱"、"作揖"、"拱作"，汉族等的交际礼节。见面时，双手合抱举前，向对方致意。④蹲踞：蹲，即两膝如坐，臀部不着地；踞，有蹲或坐之意。踞通"居"，即蹲之意，《说文》："居，蹲也。"此为蹲踞同义。⑤长跪：两膝着地，臀部离开足跟，直身而跪。

【译文】下拜的方法是，作揖后稍往后退，再次作揖，同时弯下身子，用两手一齐按着地，先跪左脚，后跪右脚，头磕到地上后就起来，起来时先起右脚，双手一起按在膝盖上，然后左脚起来，仍然作揖行礼。下拜的仪态以和缓为敬，不能匆忙仓促。

跪着时，应低头拱手，稳住双膝，腰当挺直，不能蹲踞，以示恭敬。（下跪之礼，是晚辈和年幼者侍奉尊长的常见礼仪，请安、问候或进献，都应当长跪。如果尊长有愤怒的神色，则不等呵斥，先下跪以便聆听尊长的告诫和呵责。）

凡是站立，必须拱手，并端正身体，且双脚并拢。必须顺着所站立的方位，不能歪斜。如果身体与墙壁靠得很近，即使再疲乏，也不能倚靠。

凡坐，须定身端坐，敛足拱手。不得偃仰倾斜，倚靠几席①。如与人同坐，尤当敛身庄肃，毋得横臂，致有妨碍。

【注释】①几席：几和席，为古人凭依、坐卧的器具。

【译文】坐着时，必须安定身体坐端正，收脚拱手，不得俯仰倾斜，倚靠着几席。如果和别人坐在一起，尤其要敛身庄严恭敬，不得横放胳臂，以致妨碍别人。

凡走，两手笼于袖内，缓步徐行。举足不可太阔，毋得左右摇摆。致动衣裙①。目须常顾其足，恐有差误。登高必用双手提衣，以防倾跌。其掉臂跳足，最为轻浮，常宜收敛。（寻常行走，以从容为贵，若见尊长，又必致敬急趋，不可太缓。）

【注释】①衣裙: 下裳, 泛指衣和裙。

【译文】凡是行走, 两手要笼在袖子内, 步伐舒缓, 慢步而行, 举步不可太大, 不要弄得左右摇摆, 摇动衣裙, 眼睛应当常常看着自己的脚, 恐怕有差错。登高必须用双手提起衣服, 防止跌倒。甩着胳臂或者跳着走, 最是轻浮, 常应收敛。(平常行走, 重在从容, 若是遇见尊长, 又必须极尽恭敬之心, 小步快走, 不能慢吞吞的。)

凡童子常当缄口静默, 不得轻忽出言。或有所言, 必须声气低平, 不得喧聒[①]。所言之事, 须真实有据, 不得虚诳。亦不得亢傲訾人, 及轻议人物长短。如市井鄙俚, 戏谑无益之谈, 尤宜禁绝。(言者, 人所易放, 苟有所畏惮收敛, 则久久亦可简默。今之父母, 见其子资性聪慧者, 于学语之时, 往往导其习为世俗轻便之谈, 以相笑乐, 此性一纵, 必不可反, 是教以不谨言也, 切宜禁之。)

【注释】①喧聒: 喧嚣刺耳。

【译文】儿童常应闭口不言, 保持宁静沉默, 不得轻易说话。倘若有话要说, 声音必须低微, 语气必须平和, 不得喧嚣刺耳。所说的事情, 应当真实且有凭有据, 不得欺蒙, 也不能自高自大而诋毁别人或者轻率地说人长短。像一些街头巷尾世俗的粗俗玩笑等无益之谈, 尤其应当禁止。(言语是人们容易放纵之处, 如果能够有所敬畏和收敛, 时间长了也可以做到沉默寡言。如今的父母, 看到自己的孩子资质聪慧, 在孩子学说话时, 往往引导他习染庸俗、不庄重、随便的话, 以嬉笑玩乐。这种性情一旦纵容, 必定无法回头。这是在教孩子言语不谨慎啊, 千万不可以如此。)

凡视听, 须收敛精神, 常使耳目专一。目看书, 则一意在书, 不可侧视他所。耳听父母训诫, 与先生讲论, 则一意承受, 不可杂听他言。其非看书听讲时，亦当凝视收听，毋使此心外驰。（童子聪明始开，发于耳目。耳目无所防禁，则聪明为外物所诱。而心不存矣。故养蒙者谨之。）

【译文】凡是看和听，应当集中精神，使眼耳常常保持专心。眼睛看书，那就一门心思看书，不可侧目斜视其他地方。耳朵聆听父母的教导或老师的讲谈论议，那就用心聆听接受，不能杂听他人的言语。不看书不听讲时，也应当凝神收敛视听，不要心不在焉。（儿童的聪明智慧得以开启，始于眼耳，眼耳如果没有防备禁止之处，那聪明就被外在的东西所诱惑，而心就不在了，因此教育儿童的人对此要谨慎。）

凡饮食，须要敛身离案，毋令太逼。从容举箸[1]，以次着于盘中。毋致急遽，将肴蔬拨乱。咀嚼毋使有声。亦不得恣所嗜好，贪求多食。安放碗箸，俱当加意照顾，毋使失误坠地。非节假，及尊长命，不得饮酒。饮亦不过三爵。（礼始诸饮食，君子慎之。童子之于饮食，尤所易纵而失礼者也。惟父母毋溺爱，而与之有节。师长毋避怨，而教之以礼。非惟可以养德，亦可以养神，此为最要。）

以上初检束身心之礼。

【注释】①箸：筷子。

【译文】饮食时，应当收敛身体，与桌子分开一些，不要靠得太近。从容举起筷子，按次序落在盘子上，不要着急，以致拨乱了菜肴。咀嚼不能发出声音，也不得因为有特别喜欢的菜而放任贪吃。安放碗筷，都应特别注意，不要不小心掉到地上。除非节假日或遵尊长之命，否则不能喝酒，即使喝也不得超过三爵。（礼从饮食开始，对此君子要慎重。儿童对于饮食，尤其容易放纵而失礼。只要父母不溺爱，而爱之有度，老师不怕结怨，而教之以礼，不只可以修养德性，还可以保养精神，这是最重要的。）

　　以上是检束身心的礼仪。

　　以木盘置水，（弟子职，所谓凡拚之道，实水于盘①是也。拚音债。）左手持之，右手以竹木之枝，轻洒堂中。先洒远于尊长之所，请尊长就止其地，然后以次遍洒。毕，方取帚于箕上，两手捧之。至当埽②之处，一手执帚，一袖遮帚，徐步却行，不使尘及于尊长之侧。埽毕，敛尘于箕，出弃他所。

　　【注释】①盘：古代的一种盥洗用具。②埽：音sǎo，古同"扫"，打扫。

　　【译文】用木盘装着水（这里说的是做弟子的本分，诸如打扫之类的事情，就是将清水装入盘中），左手端着，右手用竹枝或树枝蘸水，轻轻地播洒在厅堂中。先洒远离尊长的地方，请尊长呆在他原来在的地方，然后依次洒遍。洒完水后，才拿起撮箕上的扫帚，扫帚须双手托着。到了要打扫的地方，一个手拿着扫帚，一个袖子遮住扫帚，慢慢地移动步子，边退边扫，不要让尘土飘扬到尊长的身边。扫完之后，将尘土扫进撮箕，出门扔在别处。

　　凡尊长呼召，即当随声而应，不可缓慢。坐，则起。食在口，则吐。地相远，则趋而近其前。有问，则随事实对，且掩其口。然须听尊长所问，辞毕，方对，毋先从中错乱。对讫，俟尊长有命，乃复原位。（呼问未及之先，常察尊长颜色所向，庶几不失。）

　　【译文】凡是尊长召唤，就当随声答应，不可缓慢。如果当时是坐着的，就赶紧起来；口里在吃东西，就赶紧吐出来；离尊长相距较远，就小步快走到其跟前。尊长有问题,则据尊长所问之事如实回答,并用手遮住嘴巴,不过必须先聆听尊长所问的问题,尊长问完后才回答,不要还没听清楚就乱答一气。回答完后,等尊长发话,才回到原来的地方。(在尊长还没呼问自己之前,常须察看尊长的脸色和眼睛所注视的方向,自己有所准备,一般就不会犯错。)

凡见尊长,不命之进,不敢进。不命之退,不敢退。进时当鞠躬低首,疾趋而前。其立处,不得逼近尊长,须相离三四尺,然后拜揖。退时亦疾趋而出,须从旁路行,毋背尊长,且当频加回顾,恐更有所命。如与同列①共进,尤须以齿②为序,进则鱼贯而上,毋得越次紊乱,退则席卷而下,毋得先出偷安。

【注释】①同列:同一班列;同等地位,亦指地位相同者。②齿:年龄。

【译文】凡是拜见尊长,尊长没有叫自己进去,不能进去,没有叫自己离开,不能离开。进去时应当弯腰低头,迅速地走到跟前,站立的地方不能靠尊长太近,必须相隔三四尺,然后打躬作揖;离开时也是迅速地退出,必须从旁边走,不要背对尊长,还要回头多次,怕还有要交代的事。如果和同伴一同进去,尤其应当依据年龄大小为序,进则鱼贯而入,不得越位紊乱,退则依次席卷而下,不得自己先出去以求安逸。

夏月侍父母,常须挥扇于其侧,以清炎暑,及驱逐蝇蚊。冬月,则审察衣被之厚薄,炉火之多寡,时为增益,并候视①窗户罅隙②,使不为风寒所侵,务期父母安乐方已。

十岁以上,侵晨先父母起,梳洗毕,诣父母榻前,问夜来安否。

如父母已起，则就房先作揖，后致问。问毕，仍一揖退。昏时，候父母将寝，则拂席整衾以待。已寝，则下帐闭户而后息。

【注释】①候视：察看。《墨子·号令》："诸城门若亭，谨候视往来行者符。"②罅隙：裂缝；缝隙。

【译文】夏天侍奉父母，常须在其身边摇扇子，为的是让父母感觉凉快而不炎热，同时为其驱赶蚊蝇；冬天则审查衣被的厚薄，炉火的多寡，不时地添加衣被和柴火，并察看窗户的缝隙，使父母不被风寒所侵袭，务必希望父母安乐才行。

十岁以上，黎明时先于父母起床，梳洗后来到父母床前，询问夜间安详与否，如果父母已经起来了，那就到房间先作揖后再致以问候，问完后再作揖而退。天黑了，伺候父母睡觉，则擦净凉席，理好被子，在旁等待，父母躺下了，则放下蚊帐关好门，而后自己才休息。

家庭之间，出入之节，最所当谨。如出赴书堂，必向父母兄姊之间，肃揖告出。午膳与散学时，入必以次肃揖①，然后食息。其在书堂时，或因父母呼唤，有所出入，则必请问先生，许出方出，不得自专。至入书堂，虽非作揖常期，亦必肃揖，始可就坐。童子之性，难敛而易放。苟父母以姑息为爱，不谨出入之节。为师者，复无以制御之，鲜有不流于纵肆者矣。

【注释】①肃揖：恭敬地拱手行礼。

【译文】在家中的出入礼仪，最应当谨慎。如果要去学堂，应当恭敬地向父母、兄长和姐姐拱手行礼并禀告后再出去。中午回家吃饭和下午放学后，回家应当依次行礼，然后吃饭、休息。在学堂时，如果因为父母呼唤要出去，则必须请问老师，老师同意了才出去，不得自作主张；等再进入学堂，虽然并非是作揖的时候，也必须拱手作揖后才能就坐。（儿童的习性，难于收敛却容易放纵，如果做父母的认为无原则的姑息纵容就是爱，在孩子的出入礼仪上不严格要求，做老师的又没有方法管教他，很少有孩子不流于放肆的。）

凡进馔①于尊长，先将几案②拂拭，然后双手捧食器，置于其上。器具必干洁，肴蔬必序列，视尊长所嗜好而频食者，移近其前。尊长命之息，则退立于傍。食毕，则进而彻之。如命之侍食③，则揖而就席。食必随尊长所向，未食不敢先食。将毕则急毕之，俟其置食器于案，亦随置之。（馈馔④乃子养父母，弟子养师长之礼。今童子多以躬执馈为耻，则无以养其孝敬之心，而折其骄傲之气，最不可略。）

【注释】①馔：饮食。②几案：亦作"几桉"，桌子；案桌。③侍食：陪侍尊长进食。《礼记·曲礼上》："侍食於长者，主人亲馈，则拜而食。"④馈馔：进献食物。

【译文】凡是给尊长进献饮食，先擦净桌子，然后双手捧着盛食物的器具放在桌上。器具必须干爽洁净，菜肴必须依序排列。看到尊长特别喜欢而多次吃的菜，则将菜移到尊长面前。尊长发话让自己歇息，就退立在旁边。尊长吃完了，则上前将食物撤走。如果尊长要自己陪同进食，则作揖后再上前用餐。吃饭时要跟随尊长夹菜的方向，尊长没有吃的菜自己不可先吃。尊长即将吃完时，要赶快吃完自己的饭，等尊长把餐具放在饭桌上，自己也要跟着放下。（进献食物是孩子奉养父母，学生奉养老师的礼仪。如今儿童多以亲自进献食物为耻，这就无从培养孩子的孝敬之心，进而降服其骄横、傲慢之气，这一点最不能忽略。）

凡侍坐①尊长，目则常敬候颜色，耳则常敬听言论，有所命则起立。尊长有倦色，则请退。有请与尊长独语。则屏身于他所。（弟子分当侍立②，或尊长命之坐，则亦当遵命而坐。）

屠提学《童子礼》

【注释】①侍坐：在尊长近旁陪坐。②侍立：恭顺地站立在旁边伺候。

【译文】在尊长近旁陪坐，眼睛常应恭敬地观察尊长的神色，耳朵常应恭敬地聆听尊长的言论。尊长有命则起立，尊长有倦色则请求告退。若有人请求与尊长单独说话，自己立即退避到其他地方。（学生的本分应当是站立着侍候尊长，若尊长指示自己坐下，也应当遵命而坐。）

侍尊长行，必居其后，不可相远，恐有所问。有问，则稍进于左右，以便应对。目之瞻视，必随尊长所向。有所登陟，则先后扶持之。与之携手而行，则以两手捧而就之。遇人于途，一揖即别，不得舍尊长而与之言。

凡遇尊长于道，趋进①肃揖，与之言，则对，命之退，则揖别而行。如尊长乘车马，则趋避之。或名分相悬，不为己下车马者，则拱立道傍，以俟其过。

【注释】①趋进：小步疾行而前，表示敬意的一种动作。

【译文】陪同尊长行走，应当走在尊长的后面，不能相距太远，怕尊长有事要问。如果尊长有提问，则稍往前走到尊长的身边，以便对答。眼睛所观看之处应当随着尊长目光所指向的地方。若登高，则跟前跟后搀扶着尊长，若与尊长携手而行，则用双手捧着尊长的手。在路上遇到熟人，行礼后即刻告别，不得丢下尊长而和熟人谈话。

凡是在路上遇到尊长，应当向前小步疾行，恭敬地拱手行礼。尊长和自己说话，则应答，让自己离开，则作揖告别而行。如果尊长乘车马而来，则赶紧让开。如果遇到的是与自己名分悬殊的尊长，对方不必下车马与自己行礼的，自己必须拱手站在道路旁边，等待他们通过。

凡尊长有所事，不必待其出命，即当趋就其傍，致敬服役。如将坐则为之正席拂尘；如侍射[1]与投壶[2]，则为拾矢授矢；如盥洗，则为之捧盘持帨；夜有所往，则为之秉烛前导。如此之类，不可尽举，但当正容专志，毋使怠慢差错。（尊者宜逸，卑者宜劳，故劳役之事，皆卑幼任之。弟子之职当如是也。）

以上入事父兄，出事师尊，通行之礼。

【注释】①侍射：指举行射礼时在旁侍候。②投壶：古代宴会礼制，亦为娱乐活动。宾主依次用矢投向盛酒的壶口，以投中多少决胜负，负者饮酒。

【译文】凡是长辈有事，不要等他发令，就应快步走到长辈身旁，向他表达敬意，主动为他做事。尊长如果将要坐下则为他摆正坐席，拂去尘垢；如果侍候尊长射礼或投壶，则为尊长拾箭递箭；尊长如要洗手洗脸，则为尊长端盆拿毛巾；晚上尊长要去什么地方，则拿着灯烛在前面给尊长引路。以上种种之类，没有办法一一列举，只须端正仪容、专心致志，不要怠慢出错。（长辈应该安逸，而小辈应该辛苦些，因此劳作之事，都是晚辈和年龄幼小者所应担当的。这些都是做弟子的应该做的事情。）

以上是在家侍奉父兄、出外侍奉师长的通用之礼。

受业[1]于师，必让年长者居先，序齿而进。受毕，肃揖而退。其所受业，或未通晓，当先叩之年长，不可遽渎^②问于师。如欲请问，当整衣敛容，离席前告曰：某于某事未明，某书未通，敢^③请。先生有答，即宜倾耳^④听受。答毕，复原位。（受业时，不以智愚为后先，而以齿为序者，示童子以礼也。今世师或于弟子之聪慧者，令其先长者而进，是教以傲而导之骄也，可乎哉。）

屠提学《童子礼》

【注释】①受业：从师学习。②渎：轻慢，对人不恭敬。③敢：谦词，自言冒昧。④倾耳：谓侧着耳朵静听。

【译文】跟从老师学习，必须让年长的领先，按年龄大小依序而进，听完老师的授课，恭敬地行礼后退下。所学习的内容如果没有透彻地了解，应当就此先询问同学中的年长者，不可马上轻率地向老师发问。如果想请求老师回答，应当整理衣裳，端正脸容，离开坐席上前禀告说："我对某件事情还不清楚，某段文字还未彻底明了，敢问老师。"老师作答，则应当专心听讲，老师回答完毕，则回到原来的座位。（从师学习时，不以聪明与否，而以年龄大小为先后次序的原因，是为了让孩子懂得礼仪。如今有的老师对于聪慧的学生，让他比年龄大的先进门，这是教他傲慢和骄横，能够这么做吗？）

端身正坐，书籍笔砚等物，皆令顿放^①有常。其当读之书，当用之物，随时从容取出，不得信手翻乱。读用已毕，复置原所，毋使参错。其借人书物，当置簿登记，及时取还，毋致遗失。

【注释】①顿放：安置；放置。

【译文】端正身体，正身而坐，书籍笔砚等物放置都要有规律。应当要读的书和应当要用的东西，随时从容取出，不得随手翻乱了。读用完毕，还放回原处，不要弄乱了。借别人的书和有关物品，要设置本子登记下来，及时归还，不要遗失了。

凡先生有宾客至，弟子以次序立。俟先生与客为礼毕，然后向上肃揖。客退，仍肃揖送之。先生与客，命无出门，即各入位凝立，俟先生返。命坐，则坐。若客与诸生中，有自欲相见者，亦必俟与先生为礼，乃敢作揖，退亦不得远送。非其类者，勿与亲狎①。

　　【注释】①亲狎：亲近狎昵。

　　【译文】老师有宾客来访，学生要按次序站立，待老师与客人行礼后，上前恭敬地给客人行礼。客人要走，再恭敬地行礼给客人送行。老师送别客人，嘱咐不要出门，学生便各自回到座位肃然站立，等待老师回来。老师命令坐下，学生才坐下。如果客人自己有想要召见的学生，也必须等客人跟先生行完礼后，才能上前给客人作揖，客人离开也不能远送。不是客人想要召见的学生，不能亲近客人。

　　凡读书，整容，定心，看字，断句，慢读，务要字字分晓。毋得目视他处。手弄他物。仍须细记遍数。如遍数已足而未成诵，必欲成诵。遍数未足，虽已成诵，必满遍数，犹逐日带温，逐句逐月通理，以求永久不忘。（读书不在多，能下精熟工夫，积久自然有得。今子弟多勉强记诵，为师者，又假此为功，以取悦父兄。遂不计生熟，慢①令加读，旋即遗忘。所宜戒也。）

　　【注释】①慢：轻易。

　　【译文】凡是读书，须整肃仪容，安定心神，眼睛看字，认真断句，慢声朗读，务必要字字清楚明了。不得眼看他处，手玩他物。并且应当仔细记住读的遍数，如果读书的遍数已经够了可是还不能背诵，一定要做到能背诵；如果读的遍数还没到，纵然已能背诵，也须将遍数读满，还要逐日连着温习，逐旬逐月通读理顺，以求永久不忘。（读书不在多，在于能下精熟的工夫，积累久了自然有所收获。如今学生大多勉强默记背诵，而做老师的，又以此为功，来取悦他们的父兄，于是不关心学生是否学得精熟，轻易让学生增加每日读书的内容，学生很快就忘记了。这是应当戒除的事情。）

凡写字，未问工拙^①，切要专心把笔，务求字画严整。毋得轻易怠惰，致有潦草欹斜^②，并差落^③涂注之病。研墨放笔，毋使有声，及溅污于外。其戏书砚面，及几案上，最为不雅，切宜戒之。

以上书堂肄业之礼。

【注释】①工拙：犹言优劣。②欹斜：歪斜不正。欹，音qī。③差落：错漏。

【译文】凡是写字，先不问写得好坏，一定要专心书写，务求一笔一画都严谨工整，不得轻易懈怠懒惰，以致字迹潦草不正，同时又落下差错、遗漏、涂改的毛病。研磨搁笔，不要发出声音，也不要把外面溅脏了。在书上、砚台上或案桌上乱涂乱画，最不雅观，这一点务必戒除。

以上是在学堂修习课业之礼。

吕新吾《社学要略》

宏谋按：社学^①之设，最有关于教化，故历代皆重其事。自后以文词科第^②为学，所谓社学，不过聚徒诵读，遂谓作养^③美举。其子弟日习于浮薄。师长徒尚夫矜饰^④。名实不副，上下相蒙。不但不能成就子弟，且令乡里子弟，淳庞之性，由此而丧，良可叹也。吕新吾先生，凡有政教，莫不切中时弊。社学要略，不因科第而后读书，不必作文而后为学，因人立教^⑤，即知即行，何其恳切而精要也。其选择社师，不以才名为鹜^⑥，而以端良为先。可为近日延师者法，更可为近日为师者戒。

【注释】①社学：明、清时期官府在乡镇设立的学校。②科第：科考及第。③作养：培养，培育。④矜饰：矜夸修饰。⑤立教：树立教化；进行教导。⑥鹜：通"务"，紧要的事情。

【译文】宏谋按：社学的设立，与教化最为相关，因此历代都重视这件事情。此后人们以写出文雅的词句和科考及第为学习的目的，所谓的社学，不过是把年轻后辈聚在一起诵读而已，竟然说成是培养人才的美事。孩子一天天变得轻浮浅薄，老师只是崇尚矜夸修饰，徒有虚名，上下相欺。不但不能成就孩子，反而让乡里的孩子辈由此丧失了淳朴敦厚的本性，真是令人感慨啊。吕新吾先生有关政治和教化的言论，没有不切中当世弊病的。他指出社学的主旨应该是，不为科考及第而读书，不为撰写文章而治学，因人而异进行教导，明白道理了就立刻去做。这是多么恳切而精要啊! 吕新吾先生选择社学教师，不以才华和名望为要，而以正直良善为先，这种做法可为延请老师者所效法，更可为做老师的所警戒。

自教化陵夷①之后，举世不知读书为何事，师弟相督，父子相传，不过取科甲，求富贵而已。今选社师，务取年四十以上，良心未丧，（有良心，才不忍误坏人子弟，才肯去成就人子弟，四字可为训蒙者唤醒。）志向颇端之士，不拘已未入学②者，二十余人。掌印官③群之文庙④，饩以日食⑤。先教以讲解小学孝经，及字学⑥反切⑦。一年之后，如果见识近正⑧，音韵不差，文理⑨粗通，讲解亦是者，掌印官下学⑩考试。择其堪以教人，查有社学，挨次拨发。

【注释】①陵夷：由盛到衰。衰颓，衰落。②入学：旧指生徒或童生经考试录取后进府、州、县学读书。③掌印官：各衙署主管用印的官，如司礼监掌印。掌管印信，比喻主事或掌权。④文庙：孔子庙。唐朝封孔子为文宣王，称其庙为文宣王庙，元明以后省称为文庙。⑤日食：每天的饮食。亦泛指日常生活。⑥字学：小学，文字学。⑦反切：我国给汉字注音的一种传统方法，亦称"反语"、"反音"。用两个汉字来注另一个汉字的读音。两个字中，前者称反切上字，后者称反切下字。被切字的声母和清浊跟反切上字相同，被切字的韵母和字调跟反切下字相同。如：东，德红切。取德的声母d，红的韵母（ong），便构成东音（dōng）。不过古代的四声是平、上、去、入，与现代汉语的四声有一些出入，古今声母也有些变化。⑧近正：接近正确；接近标准。⑨文理：文辞义理；文章条理。⑩下学：谓至太学或府、县学官视察。

【译文】自古圣先王的教化由兴盛转衰之后，普天之下不再知道为何而读书，师生的互相督促，父子的相互传授，不过是为了求取功名富贵而已。如今要选择社学的教师，务必选取那些年纪在四十岁以上、良心未泯（有良心，才不忍心误人子弟，才肯去成就别人的子弟，这四个字可以唤醒从事儿童启蒙教育的人）、志向非常端正的士人，不必拘泥于其是否已经入学。由负责此事的官吏将约二十多个这样的人集中到文庙，供给他们的日常生活，先教他们如何讲解小学孝经以及文字学和反切法。一年以后，如果当中有见解接近正确、音韵无差错，又粗通文辞义理和讲解的，负责的官吏对他们进行考察测试后，将那些能胜任教学的人选出来，看看哪里有社学，就将他们依次派发过去。

子弟读书，大则名就功成，小则识字明理，世间第一好事。有等昏愚父母，有子不教读书，邪心野性，竟成恶人，做盗贼，犯刑宪，皆由于此。几曾见明理识字之人，肯为盗贼者乎？掌印官晓谕百姓，今后子弟，可读书之年，即送社学读书。纵使穷忙，也须十月以后在学，三月以后回家。如此三年，果其材无可望，省令归业①。（乡间社学，以广教化。子弟读书，务在明理，非必令农民子弟，人人考取科第也。）

【注释】①归业：恢复原来的本业，主要指农业。

【译文】孩子读书，大则功成名就，小则识字明理，是世间第一等的好事。有些糊涂愚昧的父母，有孩子却不让读书，以致思想不正、性情粗野，竟有成了恶人，做了盗贼，甚至违反刑法，都因此而起。何曾见过明理识字的人愿意做盗贼的？负责的官吏应明白地告知百姓，今后孩子到了可以读书的年龄，就送到社学读书，即使家穷忙碌，也必须十月以后就学，三月以后回家。这样坚持三年，果真没有办法培养成才，就让他回家务农。（乡间的社学，目的是广为教化，孩子读书，求的是明察事理，并不是一定要让农民的孩子个个考取科第。）

学中以长幼为先，序就齿数。除系相亲，自有称呼外，其余少称长者兄，长呼少者名。行则右行，坐则下坐。长者立则立，长者散则散。一禁成群戏耍，二禁彼此相骂，三禁毁人笔墨书籍，四禁搬唆倾害，五禁有恃凌人。此处人五禁，犯者，比读书加倍重责。

【译文】社学中最重要的是长幼有序，按照年龄大小排列。除孩子之间本身是亲戚，有自己的称呼外，其余年少者称年长者为兄长，年长者直接叫年少者的名字。走路则走右边，坐则坐在下坐。年长者站着，年少者也站着，年长者散开了，年少者也散开。社学中，第一，不许聚众玩耍；第二，不许彼此对骂；第三，不许弄坏别人的笔墨书籍；第四，不许搬弄是非、陷害他人；第五，不许恃强凌弱。这是处众的五条禁忌，如有人违反，比由于读书方面受罚还要加倍重责的。

学者立身，行检①为重。一戒说谎，二戒口馋，三戒村语媟言。四戒爱人财物，五戒讲人长短，六戒看人妇女，七戒交结邪人，八戒衣服华美，九戒捏写是非，十戒性暴气高。犯者，比读书加倍重责。

【注释】①行检：操行，品行。
【译文】学生安身立命，以行为检点为重。一戒撒谎，二戒嘴馋，三戒村语戏言，四戒贪图他人财物，五戒说人长短，六戒看人家妇女，七戒交结邪恶之人，八戒衣服华美，九戒捏造是非，十戒性情暴躁、心高气傲。有违反的，比由于读书方面受罚还要加倍重责。

童子每日早起，向父母前一揖，问曰，今夜安否。早饭午饭回家，见父母，揖。问曰，父母饮食多少。晚上看父母卧处，待父母睡毕，而后退。父母怒骂，跪而低头，不许劲声强辨。父母勤劳，即来待作。父母久立，忙取坐物。父母唤人，高声代唤。父母疾病，煎尝汤药。此虽人子末节，少年先须日习。至于一家尊长，俱要恭敬。家中凡事忍默，如有违犯，父兄即告先生，加倍重责。

【译文】孩子每天早起，到父母面前，作揖后问昨夜是否安睡。早饭午饭回家，先见父母，作揖后问父母饮食如何。晚上照料父母的睡卧起居，等父母睡下后再退出。父母生气责骂时，则低头跪着，不许高声强辨。父母劳作时，就到跟前等待父母吩咐做事。父母站久了，赶紧拿坐的东西给父母坐。父母叫人，则高声代为呼唤。父母生病了，煎药尝药。这些虽是为人子女尽孝的细节，年少时先须天天熏习。对于家里的长辈，都要恭敬有礼，在家凡事忍耐沉默，如果有违反的，父亲或兄长即告知老师，加倍重责。

行步要安详稳重，不许跳跃奔趋。说话要从容高朗，不要含糊促迫。作揖要舒徐深圆，不可浅遽。侍立要庄严静定，不可跛①欹②。起拜要身手相随，不可失节。衣履要留心爱惜，不可邋遢③。瞻视要静正④安闲，不可流乱。抄手⑤要着衣齐心，不可怠惰。在坐要端严持重，不可箕（开股）岸（跷足）。有违犯者，罚跪，再三犯者重责。

【注释】①跛：音bǒ，站立时重心偏于某一足上，古时认为是一种不恭敬的举止。②欹：音qī，通"倚"，斜倚，斜靠。③邋遢：肮脏，不整洁。④静正：恬淡平和而趋于纯正。⑤抄手：双手交叉，表示施礼。

【译文】走路要安详稳重，不可跳跃奔跑。说话要不慌不忙且清晰响亮，不要含糊急迫。作揖要慢、深、圆，不可浅、急。在旁侍奉长辈要庄重严肃、平静安定，不可站立不正。起身下拜要身手相随，不可失了礼节。衣服鞋子要用心爱惜，不可肮脏。目光要恬淡纯正，安静清闲，不可散乱。抄手要着衣齐心，不可懈怠懒惰。坐着时要端正、严肃、稳重，不可叉开大腿，或翘起二郎腿。有违犯的，罚跪，再三违犯的重罚。

每讲书，就教童子向自家身上体贴，这句话，与你相干不相干。这章书，你能学不能学。仍将可法可戒故事，说与两条，令之省惕。他日违犯，即以所讲之书责之，庶几有益身心。

【译文】老师每次讲课时，就引导孩子对照自身细心体会，这句话，是否与你相干，这章书，你是否能学。再把其中可以效法或告诫的故事，说上几个，让他们能够反省戒惧。日后如果孩子有所违犯，则以书中所讲的道理加以责罚，这样或许对他们的身心有益。

（此法最为切近，即如弟子一章，先就本义讲毕，再将现在如何方为孝弟，谨信，爱众，亲仁，力行，学文，详切指点，再将如何便为不孝悌，不谨信，不亲爱，不力行，不学文，反复警戒，嗣后①遇学徒行事，有合于孝悌等项者，则指其合于书中某句，而对众称之。如有所犯，则指其不合于书中某句，而对众责之。如此，则讲一章书，即受一章书之益，即知即行，始基于此。）

【注释】①嗣后：以后。
【译文】（这个方法最为切近。例如弟子一章，先将这章的本义讲完，再将现在怎样做才是"孝悌、谨信、爱众、亲仁、力行、学文"，进行详细和深刻地评说；再将怎样做便不是"孝悌、谨信、爱众、亲仁、力行、学文"进行反复地告诫。以后碰到学生的行为有符合"孝悌"等项的，则指出其符合书中的哪一句而当众称赞；如果有违犯的，则指出其行为不符合书中的哪一句而当众责罚。这样，讲一章书就受一章的益，即知即行，从这开始奠定德行的根基。）

　　每日遇童子倦怠懒散之时，歌诗一章。择古今极浅，极切，极痛快，极感发，极关系者，集为一书。令之歌咏，与之讲说，责之体认。古诗如陟岵①，蓼莪②，凯风，（以上父母。）棠棣，小明，杕杜③，（以上兄弟。）江汉，出东门，（以上男女。）鸡鸣，雄雉，（以上夫妇。）燕燕，（嫡妾。）伐木，（朋友。）芄兰④，（童子。）葛藟⑤，（民穷。）相鼠，（教礼。）伐檀，（训义。）采苓，青蝇，（戒谗。）蟋蟀，瓠叶⑥，（示俭。）采苹，（重祀。）白驹，（悦贤。）至于汉魏以来，乐府古诗，近世教民俗语。凡切于纲常伦理，道义身心者，日讲一章。其新声艳语，但有习学者，访知重责。（训蒙约后，附集诗歌，即此意也。）

【注释】①陟岵：音 zhì hù，陟：登上；岵：有草木的山。②蓼莪：蓼，长又大的样子；莪，一种草，即莪蒿。此诗所抒发的是不能终养父母的痛极之情。③杕杜：杕，音 dì，树木孤独貌；杜，一种果木，又名赤棠梨。④芄兰：出自《诗经·国风·卫风》。芄，音 wán。⑤葛藟：出自《诗经·王风》。音 gě lěi。⑥瓠叶：出自《诗经·雅·小雅·鱼藻之什》。瓠，音 hù。

【译文】每天，当学生倦怠懒散时，则歌诗一章。选择古今一些特别浅显、贴切、流利畅快、让人感奋激发、与日常生活关系密切的诗，集合成一本书，让他们吟咏，给他们讲解，要求他们体会。古诗如《陟岵》、《蓼莪》、《凯风》，（这是关于父母方面的。）《棠棣》、《小明》、《杕杜》，（这是关于兄弟方面的。）《江汉》、《出东门》，（这是关于男女之情的。）《鸡鸣》、《雄雉》，（这是关于夫妇之道的。）《燕燕》，（这是关于正妻与妾方面的。）《伐木》，（这是关于朋友方面的。）《芄兰》，（这是关于孩子方面的。）《葛藟》，（这是关于

百姓贫穷的。)《相鼠》,(这是教导学礼的。)《伐檀》,(这是训勉道
义的。)《采苓》、《青蝇》,(这是告诫不要听信谗言的。)《蟋蟀》、
《瓠叶》,(这是示现节俭的。)《采苹》,(这是有关重视祭祀的。)
《白驹》,(这是仰慕贤人的。)

　　自汉魏以来的乐府古诗,或是近代教导百姓的方言土语,只要是
与纲常伦理、道义身心相契合的,每天讲授一章。对于那些新声艳语,
只要得知有学生学习的,一定重重责罚。(《训蒙教约》之后,附录辑
集了部分诗歌,就是这个意思。)

　　初入社学,八岁以下者,先读三字经,以习见闻。百家姓,以便日
用。千字文,亦有义理。有司①先将此书。令善书人,写姜字体。刊布
社学师弟,令之习学。盖姜字虽吃力,而点画分毫不苟。作字之时,能
令此心不放,此心不粗,佻达②纵横③者厌之,以为欠苍劲,欠自然,
而不知有益于性灵也。(把笔写字,亦取有益性灵,其为童子计者切矣。)

　　【注释】①有司:官吏。古代设官分职,各有专司,故称。②佻达:轻
薄放荡;轻浮。③纵横:亦作"纵衡",肆意横行,无所顾忌。

　　【译文】刚进社学学习,八岁以下的学生,先读《三字经》,以学习
见闻,读《百家姓》,以便日常应用,读《千字文》,这中间也包含了一些
伦常道德的内容。官吏先将这些文章让善于书法的人用姜字体书写,
刻版印行给各社学的老师和学生,让他们学习。姜字虽然写起来吃
力,但是字一笔一画丝毫不苟,写字时能使心不散漫,不粗心浮气,那
些心浮气躁及无所顾忌的人讨厌写姜字体,认为这种字体不够苍劲
和自然,却不知其于性灵有益。(执笔写字也要选择有益性灵的,这是
真正在为孩子考虑啊。)

教童子，先学爽洁。砚无积垢，笔无宿墨①。蘸墨只着水皮，干笔先要水润。书须离身三寸，休令拳揉。手须日洗两番，休污书籍。案上书，休乱堆斜放。书中句，休乱点胡批。学堂日日扫除，桌凳时时擦抹。

【注释】①宿墨：积留在砚台上的陈墨。

【译文】教育孩子时，先教孩子学习清爽整洁。砚台上没有积垢，毛笔上没有陈墨。蘸墨时只接触墨的表面，干笔要先用水浸润。书离身体必须有三寸之远，不要卷曲和来回地搓。手每天要洗两遍，不要弄脏了书籍。书桌上的书不要乱堆斜放，书中的句子不要乱点胡批。教室每天都要打扫，桌椅要经常擦抹。

念书初要数字，（即认字之法，）次要联句。次要一句紧一句。眼定，则字不差。心不走，则书易入。句渐紧，则书易熟。遍数多，则久不忘。详见分年日程。

看书不可就讲。先令童子将注贴经①，贴过一番，令之回讲，然后一一细说。巧比再看，复回不知，再讲，庶几有得。

作文，出极明浅，易于发挥题目。作不得题，细讲一遍，仍作此题。一题三作，其思必尽，其理自通，胜于日易一题也。（十分深奥不能作之题，则且缓出。）

【注释】①贴经：科举时代考试的一种方式，主要是死背词句。

【译文】读书时首先要指着字念（就是认字的方法），将前后句连成来读，再次是要一句紧跟一句。眼定，字就不会读错；心定，书就容易契入；语句逐渐跟紧，书的内容就容易熟悉；读的遍数多，则长时间都不容易忘记。（详见"分年日程"。）

看书不可就讲,先让学生将注解背熟,背熟之后,让他们自己先将经文从头至尾讲解一遍,然后老师再一一细说。学生比较自己讲的和老师讲的之后,再次复讲,如果还是不懂,老师再讲解一遍,这样学生或许有所收获。

学生练习写作,老师给他们出一些非常浅显明白、容易发挥的题目。文章若不切题,老师仔细讲解一遍,仍然作原来的题目。同一个题目练习三次,学生对问题的思考必定已十分深入,义理自然较为通达,这样做胜过每天练习不同的题目。(十分深奥不能练习写作的题目,暂且不要急着出。)

记文,须选前辈老程文①,极简、极浅、极切、极清者,每体读两篇。作文之日,模做读过文法②者出题,庶易引触。读书以勤为先。童子不分远近,俱令平明③到学。背书完,读新书。吃饭后,略令出门松散一二刻,然后看书作文。写仿毕,仍读书。午饭后,再令出门松散一二刻,仍读书。日落后,分班对立。出对一个,破题④一个,即与讲改,然后放学。盖少年脾弱,饭后不可遽用心力,恐食不消化也。

【注释】①程文:科举考试时,由官方撰定或录用考中者所作,以为范例的文章。明代以后特指试官拟作者。②文法:文章的作法。③平明:犹黎明,天刚亮的时候。④破题:旧时试帖诗及八股文形状用一两句话说破题目的要旨。

【译文】背诵文章,必须选择进士及第者用作范例并且结构非常简洁、文辞非常浅显、内容非常贴切、文字非常清新的文章,每种文体熟读两篇。练习写作的那天,模仿曾经熟读过的文章的作法出题,这样做一般容易触发学生的思路。读书首重勤奋。学生不分远近,都要求黎明即到学堂。学生背完书之后,读新的内容。吃过早饭后,让学生出门放松半个小时左右,然后看书写作。写作模仿完毕,仍然读书。吃过午饭后，再让学生出门放松半个小时左右，仍然读书。太阳下山后，学生分成不同的序列，相向而立，出对联一个，破题一个，当场就给学生讲解纠正，然后放学。因为少年脾胃虚弱，饭后不能马上运用心思，怕不能消化食物。

张杨园《学规》

（先生名履祥，号考甫，浙江桐乡人。）

宏谋按：杨园先生，学术纯正，践履①笃实，伏处衡茅②，系怀民物。立论不尚过高，惟以近里着己为主。敦伦理，存心地，亲师友，崇礼让，一篇之中，三致意焉。读其遗集，不能不想慕其人，而叹其未见诸施行也。学规二则，虽止为勉勖③学侣④之语。而于读书制行之大端，切己反求，固已本末兼该。彻上彻下工夫，全在于此。学者其详玩之。

【注释】①践履：践履本为足踏地之意，《诗经·大雅·行苇》："敦彼行苇，牛羊勿践履。"后转为步行、经历等义，再引申为行动、实行、实践。②衡茅：衡门茅屋，简陋的居室。③勉勖：勉励。④学侣：学生。

【译文】宏谋按：杨园先生，学术纯正，并且脚踏实地，身体力行。安处简陋居室，心怀民众疾苦。立论不喜过高，只以切中实际、切合自身为主，于注重伦理，存心良善，敬师重友，崇尚守礼谦让之处，一篇文章当中，反复重申。阅读他遗留下来的文集，不能不使人敬仰思念其人，可惜他的这些观点都还没有被得到落实。学规两则，虽然只是勉励求学之人的话语，但是在读书、规范道德和行为准则等主要问题上，都能密切联系自身，注重自我反省，可以说已经是本末兼顾。通达上下的工夫，全在于此。求学的人应该仔细揣摩。

澂湖塾约

初觉（睡初醒），即省昨日所业，与今日所当为。

【译文】睡觉刚醒来的时候，就检查一下自己昨日做了什么，今日
应该做些什么。

旦起，读经义一二条。先将正文熟诵精思，从容详味。俟有所
见，然后及于传注，然后及于诸说。洗心静气，以求其解。毋执己
见，以违古训。毋傍旧说，以昧新知，乘此虚明[1]，长养义理[2]。

【注释】[1]虚明：指内心清虚纯洁。[2]义理：普遍皆宜的道理或讲求
经义、探求明理的学问。

【译文】早晨起床，读一两条经文义理。先将正文诵读熟练、精
心思考，慢慢玩味。等到有所发现，然后再研读经文的注释，然后再
研读其他各家之说。清心静气，来探求学问的真义。不固执于自己的
见解，而违背了古训。不盲从旧学，而蒙蔽了新知，凭着这清虚明净的
内心，长养心中的道义和学问。

午膳后，复述所看经义，以相质问，论说逾时。总期有当身心，
勿宜杂及。

【译文】午饭后，铺展叙述所看的儒家经义，多问多质疑，来判明
经义的是非曲直，反复辩论，多角度评说，甚至不妨超过了规定时间。
总的来说，是希望有益于人的身心，不应该偏离了主题。

日间言语行事，即准于经义而出之。其有不合，必思所以，习心^①隐慝^②，种种自形，力使其去。且昼梏亡，庶乎免矣。若人事罕接，则读史书一二种。（无余力则已。）非徒闻见之资，要亦择善之务。

【注释】①习心：指后天习染的利欲之心等，与先天的良知良能有别。②隐慝：别人不知的罪恶，不可告人的罪恶。慝，音tè。

【译文】白天说话做事，就比照经文的义理，并以此为言行的准则。如果自己的言行不符合经义，必定要想想原因是什么。这样一来，自己心中的一些错误的想法和不善的念头，自然就会暴露出来，再尽力将它们去除。那么到了第二天白天，平时束缚自己心性的枷锁没有了，许多过失差不多就可以避免了。如果交际应酬少，就读一两种史书，（没有余力就罢了。）读史不只有助于增长见闻，关键是为了择善而从。

日暮，检点一日所课，有缺则补，有疑则记，有过则自讼不寐。焚膏继晷^①，夫岂徒然，对此良宜深省也。右五条，日有定程。

【注释】①焚膏继晷：膏，油脂，指灯烛；晷，日影或者指一种古代的计时工具。点上油灯，接续日光。形容勤奋地工作或学习。晷，音guǐ。

【译文】到了傍晚，仔细查点自己一天攻读学习的东西。有缺漏就补救，有疑问就记下，自己有了过失就不断批评责问自己直到深夜。这样做岂止是学习要夜以继日的意思，对于自己的过失，确实应该深刻反省啊。（以上五条，每天都应该有规定的安排。）

张杨园《学规》

问难之益，彼此共之。有疑则问，无惮其烦。(不止书中义理为然。)仆虽寡知，昔闻于师，敢不罄尽。其不知者，正可互相稽论①，以求其明，勿以迟暮惘惘②而弃之也。

【注释】①稽论：犹议论。②惘惘：迷迷糊糊。

【译文】遇到难处就向人请教，这样彼此都能够受益。有疑就问，不要怕烦琐(不仅经书中的义理是这样)。我虽然愚笨，但从老师那里学到的知识，怎么能不把它搞清楚，弄明白呢？如果对方也不知道，正好可以和对方一起讨论，力求弄明白其中的道理，不要因为天太晚了就糊里糊涂地将它丢过一边。

精神散漫，方寸憧憧①，学者通患。惟主敬可以摄之。若劳攘之余，初欲习静，则抄录写仿，亦一道也。先儒云，便是执事敬。

【注释】①憧憧：心不定貌。

【译文】精神散漫不集中，内心摇曳不安定，这是求学人的通病。只有恪守诚敬才能收敛心神。如劳累烦乱的时候，想培养安静的心境，那么照原文抄写，也是一种办法。先贤说，凡事一定要存有恭敬之心。

古人诗歌，游泳①寄托，前哲不废。特畏溺情丧志耳。余力涉之，亦兴观②之助也。文字虽非急务，间一作之，以征所得。(上三条，无定程，随时从事。)

【注释】①游泳：涵濡；浸润。②兴观：即兴观群怨。兴，联想；观，观察；群，合群；怨，怨恨。古人认为读《诗经》可以培养人的四种能力。后泛指诗的社会功能。出自《论语·阳货》："诗,可以兴,可以观,可以群,可以怨。"

【译文】古人吟诵诗歌,在于寄情寓志。历代的贤哲们都没有废弃。怕的是有些人因此沉溺于情感而丧失了志向。有余力的时候偶尔涉猎诗歌,也有助于培养"兴观群怨"四种能力。文字创作虽然不是紧急重要的事情,不过偶尔为之,也可以用来验证自己的一些心得感悟。(以上三条,没有规定的安排,随时都可以做一做。)

为学先须立大规模。万物皆备于我,天地间事,孰非分内事,不学,安得理明而义精。既负七尺,亦负父兄,愧怍①如何。

【注释】①愧怍:惭愧。

【译文】求学,先要有远大的志向和规划。世间所有的事物都是为我预备的,天地间所有的事情,哪样不是本分以内的事情?不学,怎能使道理明白、义理精微?既辜负自己七尺身躯,又辜负父亲兄长,多么惭愧啊!

功夫须是绵密。日积月累,久自有益。毋急躁,毋间断。急躁间断,病实相因,尤忌等待。眼前一刻,即百年中一刻。日月如流,志业不立,率坐等待之故。

【译文】学习用功要绵密。日积月累,学习不止,时间久了自然能受益。不急于求成,不断断续续,急躁和间断,祸害相关。学习尤其忌讳等待拖拉,眼前的一刻,就是百年中的一刻,岁月如流水,志向不立,功业不成,大都是因为等待拖拉的缘故。

修德行道,尽其在我。穷通①得丧,俟其自天。营营一生,枉为

261

小人者何限。流俗坑堑,陷溺实深。探汤履虎,未足为喻也。

【注释】①穷通:困厄与显达。

【译文】修养德行,践行道义,完全在于自己。至于困厄还是显达、得还是失,上天自有安排。忙忙碌碌一生,糊里糊涂做了一辈子卑鄙小人的实在不少啊!世俗险恶,使人深深陷入错误的泥淖中而无法自拔,即使用将手伸入沸水中、脚踏在老虎尾巴上来比喻,都不能形容他们的惨痛啊。

凡人险难在前,靡有不知,能从而动心忍性①者几人。在于少年,益宜忧患存心,无忘修省②之实。

【注释】①动心忍性:动心,使内心受到震动;忍性,使意志坚强。忍通"韧",使坚韧之意。"动心忍性",比喻历经困苦而磨炼身心,不顾外界阻力,坚持下去。②修省:即"修身反省",语出"敕修省",皇帝诏书责令修身反省。

【译文】一般人危险灾难降临面前,没有不知道的,但能顺应困境、磨炼身心的又有几个呢?对于少年,内心更应该从小就存有忧患意识,不要忘记实实在在的修身和反省。

近代学者,废弃实事,崇长虚浮。人伦庶物,未尝经心。是以高者空言无用,卑者沦胥①以亡。今宜痛惩,专务本实。一遵大学条目,(自格物、致知、诚意、正心、修身、齐家以往八条。)以为法程。释义曰,塾者,熟也。诵之熟,讲之熟,思之熟,行之熟。愿与子勉之矣。(右五条,通言大指②。)

【注释】①沦胥：泛指沦陷、沦丧。②大指：即大旨。主要意思；大要。

【译文】如今做学问的人，丢弃脚踏实地的品质，崇尚虚伪轻浮的不良作风。长幼尊卑、各种事物，不曾劳心。因此尊者空谈无用，卑贱者沦丧而亡。今天应该狠刹这种虚夸之风，专心致力于做人的根本，完全遵从《大学》中的八个条目：（格物、致知、诚意、正心、修身、齐家、治国、平天下等一共八条。）作为治学的标准。古人注释中说：塾，熟的意思，就是通过反复诵读，反复论讲，反复思索，反复力行，达到熟练的程度。愿与大家共勉。（以上五条，是通论蒙学的大要。）

东庄约语

儒者之学，修身为本，罔问穷通。克己功夫，宁分老少。只求无忝所生①，不负师友，在覆载②中，有殊庶物而已。延平先生③曰，爱身明道，修己俟时，不可一日忘于心，此其准的也。

【注释】①无忝所生：不辜负、不愧对自己的父母、双亲、故乡等。无忝：不玷辱；不羞愧。②覆载：指天地。③延平先生：即李侗（1093—1163），南宋学者，南平炉下乡樟林村人。

【译文】学习儒学，要以提高自身修养为根本，从来不关乎穷厄和显达。克制和约束自己的习气、欲望，难道还分年老年少！只求不玷辱父母，不辜负老师和朋友，生在天地之间，有别于其它众类而不愧为人罢了。延平先生说，爱惜自己，明白道理，自我修养，等待天时，这些，心里不能有一日忘记，这是儒家修身的标准。

尺蠖①屈以求信②，龙蛇蛰以存身，物无大小，理固皆然。古人言学，藏先于修，游后于息。未有终日驰骋其耳目知思，而能为益身心者也。盛年百务未历，履道坦如，尤以收敛翕聚③，为固基植本之计。夙④与夕惕，时哉，弗可失也。

【注释】①尺蠖：一种无脊椎动物，尺蠖幼虫身体细长，行动时一屈一伸像个拱桥，休息时，身体能斜向伸直如枝状。蠖，音huò。②信：通"伸"。伸直，伸长。③翕聚：会聚。④夙：早晨。

【译文】尺蠖弯曲是为了下一步的伸展，龙蛇蛰藏起来，是为了保存自己。事物不论大小，道理是一样的。古人说做学问，在钻研学习之前应该隐藏不露，在积累增长之后才从容不迫地表现出来。没有谁能让自己的眼睛、耳朵、感知、思考整天整天的高速运转，向外贪求，却能有益身心健康的。年少时什么事情都没有经历过，人生一片坦途，尤其应该收敛心神，为的是打下坚固的根基。早晚提醒自己，时间是不能浪费的。

读书所期，明体适用。近代学者，徒事空言，宜乎呫哔①没齿②，反己茫然，全无可述也。日用从事，一遵胡安定③经义治事，以为之则。庶少壮岁月，不贻枉废之叹。

【注释】①呫哔：亦作"呫毕"。犹佔毕。后泛称诵读。音tiè bì。②没齿：终身，终生。③胡安定：即胡瑗（生卒不详），字翼之，北宋初学者，教育家。宋泰州海陵（今江苏泰县）人，世居陕西安定堡，世称安定先生。

【译文】读书希望达到的目的，是弄明白经典义理以及在实践中运用所学来解决问题。如今做学问的人，只是致力于不切实际的空谈，当然是虽诵读终生，但反省自己时却茫然无知，完全没有什么可说的。日常行事，应完全遵照胡安定先生所阐述的经典义理去做，把它作为学习做事的准则。但愿少壮时期，不会留下白白浪费时光的叹息。

　　米盐妻子，庶事应酬，道心①处之，无非道者。苟使萦怀，豪杰志气，不难因之损尽。是以出就燕闲②，听睹不杂，心力益专，养德养身，二益均有。

　　【注释】①道心："人心"的对称，指人天生的仁、义、礼、智、善之心。②燕闲：安宁；安闲。
　　【译文】柴米油盐，妻子儿女，诸多事务和各种应酬，如果用道心来对待，没有一样不是在帮助自己了悟人生大道的。如果被情欲得失牵挂在心，豪迈的气概、远大的志向，很容易因为这些而损失殆尽。因此从俗务中解脱出来趋向安宁，所见所闻单纯而不驳杂，心思和精力更加专一，对修养品德、保养身体都有好处。

　　古人澹泊明志，膏粱①之习，克治宜先。长白山斋粥②，可取法也。今即未能，尚师其意。日以蔬食为主，间佐鱼肉，然总弗得兼味。

　　【注释】①膏粱：肥肉和细粮，泛指美味的饭菜。指精美的饮食，代指富贵生活。②长白山斋粥：即范仲淹断斋画粥。
　　【译文】古人看淡名利，明确志向。奢侈享乐的习气，应该先克服惩治。范仲淹"断斋画粥"的做法，可以效仿。今天我们即使不能做到这样，也要学习他贫苦力学的精神。每天以吃蔬菜为主，偶尔吃吃鱼肉，然而总不能有两种以上的菜肴。

学问之道，固尚从容。然一任优游，难希自得。举其通病，不出五闲。（闲思虑，闲言语，闲出入，闲涉猎，及接闲人与闲事。）果能必有事焉，其诸惰慢①，非惟不敢，亦不暇矣。（终日劳扰，实无一事当做，总是闲。）

【注释】①惰慢：怠慢；怠惰。

【译文】做学问的方法，从来都是推崇安详笃定的。然而一味的任凭自己悠闲自在，很难学有所得。例举其中普遍存在的毛病，不外乎"五闲"。无事时闲思乱想，逢人多闲言废话，四处闲逛，翻看闲书，以及结识一些不相干的闲人，管一些无意义的闲事等。果真遇到有正事要做，这些人也是怠慢懒惰，不只是没有胆量去做，而且也是没空去做。（整天劳苦烦忧，实际上没有一件事是应该做的，总的说来，还是闲。）

陆清献公《示子弟帖》

（公讳陇其字稼书，浙江平湖人，康熙庚戌进士官至御史，从祀庙庭。）

宏谋按：当湖陆先生，以朱子之学为学，即以朱子之教为教。小学近思录二书，三致意焉。三鱼堂文集，近里着己，无一语不规于道，而不肯为高远难行之说。今录其教子弟数则，大要读书行己，宜合而一之，不可离而二之。以此为蒙童先入之言，不亦宜乎。

【译文】宏谋按：当湖的陆先生，一心钻研朱子之学，用朱子的教育方法教导学生，对于《小学》、《近思录》二书倍加推崇。他的《三鱼堂文集》中，处处教人端心正意，时时反省自己，没有一句话不是引导人向道从善，从不说一些不切实际的大话空话。下面摘录他教导子弟的几段话，大旨是读书一定要和身体力行合而为一，不可相互脱节分离。把这些话一开始就教给入学的儿童，不是很有必要的吗？

我虽在京，深以汝读书为念。非欲汝读书取富贵，实欲汝读书明白圣贤道理，免为流俗①之人。读书做人，不是两件事。将所读之书，句句体贴②到自己身上来，便是做人的法。如此，方叫得能读书人。若不将来身上理会③，则读书自读书，做人自做人，只算做不曾读书的人。读书必以精熟为贵。我前见你读诗经礼记，皆不能成诵。圣贤经传，与滥时文不同，岂可如此草草读过。此皆欲速而不精之故。欲速是读书第一大病，工夫只在绵密④不间断，不在速也。能不间断，则一日所读虽不多，日积月累，自然充足。若刻刻欲速，则刻刻做潦草工夫，此终身不能成功之道也。方做举业⑤，虽不能不看时文，然时文只当将数十篇，看其规矩格式，不必将十分全力，尽用于此。若读经读古文，此是根本工夫。根本有得，则时文亦自然长进。千言万语，总之读书，要将圣贤有用之书为本，而勿但知有时文。要循序渐进，而勿欲速。要体贴到自身上，而勿徒视为取功名之具。能念吾言，虽隔三千里，犹对面也，慎毋忽之。(示大儿定征。)

【注释】①流俗：指世间平庸的人。②体贴：体会。③理会：明白；理解。④绵密：细密周到。⑤举业：科举时代指专为应试的诗文、学业、课业、文字。也指八股文。

【译文】为父虽在京城，却深深地关心着你的读书、课业。并非想让你通过读书求取富贵荣华，实在是想让你通过读书能够明白圣贤之道，免得日后沦为平庸之辈。读书与做人，并非截然分开的两件事。认真体会所读之书，并运用到自己身上，效法圣贤之道去做人。唯有如此，才能够叫做真正的读书人。若不把所读之书运用于自己身，将读书与做人看做截然的两件事，便只是不曾读过书的人。读书最可贵的是要精湛纯熟。我之前看见你读《诗经》、《礼记》，都不能背诵。圣贤经传和当下的滥时文不可同日而语，岂能够像你那样马虎读过。这些都是追求速度而不能纯熟的原因。一味地追求速度是读书的第一大忌讳，读书要细密周到并且不间断，而不在于速度如何。假如能够不间断，即使每日所读之书不多，日积月累，时间一久便会积累很多。如果时刻追求速度，则时刻都在潦草敷衍，这便是终生不能够成功的原

养正遗规

因。学习作应试之文，虽然不能够不读时文，只需将数十篇时文拿来看看其规矩格式即可，不必将精力全用在时文上。读经书读古文，这才是根本。这些根本的东西有长进，时文亦会有所长进。总之，读书应该以圣贤之书为本，切不可只知时文。还要知道循序渐进之理，切不可探求速度，认真体会所读之书，将之用于自身，切不可只将其视为求取功名的工具。假如能听从为父之言，虽然远隔千里，也像促膝而谈，切不可忽视。

汝读书，要用心，又不可性急。熟读精思，循序渐进，此八个字。朱子教人读书法也，当谨守之。又要思读书要何用。古人教人读书，是欲其将圣贤言语，身体力行，非欲其空读也。凡日间一言一动，须自省察，曰，此合于圣贤之言乎，不合于圣贤之言乎。苟有不合，须痛自改易。如此，方是真读书人。至若左传一书，其中有好不好两样人在内。读时，务要分别。见一好人，须起爱慕之念，我必欲学他。见一不好的人，须起疾恶之念，我断不可学他。如此，方是真读左传的人。这便是学圣贤工夫。（示三儿宸征。）

【译文】你读书，不但要用心，而且不可急躁。"熟读精思，循序渐进"这八个字，是朱子教导人们读书的方法，要谨慎守持。还要思考读书究竟有何用。古人教人读书，是让人能够身体力行圣贤之道，并非是空泛诵读而已。但凡一天之中的一言一行，都需自行察省，看看哪些是合乎圣贤教诲的，哪些是不合乎圣贤教诲的。倘有不合圣贤之言的，则需要深刻反省、改正。这样，才能算作真正的读书人。至于像《左传》这样的书，其中包含了好与不好两类人。读的过程中定要认真区分。看到品德高尚的则起爱慕之心，向他学习。看到不好之人，则起痛恨的念头，并且以此为戒。这样，才是真正读《左传》的人。这便是学习圣贤之道。

汝到家，不知作何光景。须将圣贤道理，时时放在胸中。小学及程氏日程，时常展玩^①。日间须用一二个时辰工夫，在四书上。依我看大全法，先将一节书，反复细看，看得十分明白毫无疑了，方及次节，如此循序渐进，积久自然触处贯通。此根本工夫，不可不及早做去。次用一二个时辰，将读过书，挨次温习。不可专读生书，忘却看书温书两事也。目前既未有师友，须自家将工夫限定，方不至优忽过日。努力努力。同上。

【注释】①展玩：仔细地观看。展，审视，察看。玩，观赏，研讨。

【译文】你回到家，不知道会是什么样子。须时时把圣贤的道理放在胸中。《小学》以及《程氏日程》，须经常仔细观看。白天需要用一两个时辰用在读《四书》上。依照为父读《大全》的经验，先把一节内容反复读诵，看得非常透彻之后，再去读下一节，这样循序渐进，积累久了，便能处处彻底地了解。这是根本的工夫，不能够不及早去做啊。再用一两个时辰将读过的书依次温习，不能够只去读新书，忘记了看书和温书是两回事。现在，你身边还没有可以求教或互相切磋的人，须自己在家限定时间，不能够恍惚度日。一定要努力啊！

科场一时未能得手，此不足病。因此能奋发自励，焉知将来不冠多士。但患学不足，不患无际遇也。目下用功，不比场前要多作文，须以看书为急。每日应将四书一二章，潜心玩味，不可一字放过。先将白文自理会一番，次看本注，次看大全，次看蒙引，次看存疑，次看浅说。如此做工夫，一部四书既明，读他书，便势如破竹。时文不必多读，而自会做。至于诸经，皆学者所当用力。今人只专守一经, 而于他经, 则视为没要紧, 此学问所以日陋。今贤昆仲当立一志, 必欲尽通诸经。自本经而外, 未读者宜渐读, 已读者当温习讲究^①。诸经尽通, 方成得一个学者。然此犹只是致知之事。圣贤之学, 不贵能知而贵能行。须将小学一书, 逐句在自己身上省察, 日间动静, 能与此合否。少有不合, 便须愧耻, 不可以俗人自待。在长安中, 尤不宜轻易出门。恐外边习气不好, 不知不觉, 被其引诱也。胸中能浸灌于圣贤之道, 则引诱不动矣。(寄示席生汉翼汉廷。)

陆清献公《示子弟帖》

【注释】①讲究: 研究; 探究。

【译文】科举考试一时间不能够取得成功, 不足以担忧。由此而能振作精神勉励自己, 怎知将来不会超过很多人呢? 应该担心自己的学习还有不足之处, 而不要担心没有机遇, 现在用功不得像科考前那样多作文章, 而是应该以读书为要。每天专心体会《四书》中一到二章的内容, 一字都不放过。自己先把原文理解一遍, 然后再看《本注》, 再看《大全》, 再看《蒙引》, 再看《存疑》, 再看《浅说》, 如此学习,《四书》全部通彻, 读其他的书, 便势如破竹毫无障碍。时文不必多读, 便会作好。至于经书, 是每个学者都应用力去读的。现在的人只读一部经书, 其他的经书视为无关紧要的, 这是学问日渐疏陋的原因。你兄弟二人现在就要立下一个志向, 一定要遍读经书。自本经开始, 没有读过的应一一读诵, 已经读过的应记得不断温习、研究。诸经都能够通达, 便能成为一个学者了。但通达诸经还只是做到了致知而已, 圣贤之学, 贵在能够身体力行。自己还需要将《小学》逐句与自身对照, 白天的言行, 是否都能与之相合, 但有不合便应立即痛改, 不可以俗人的标准来要求自己。在长安尤其不宜随意出门, 避免自己在不知不觉中沾染上外面不良的习气。但是如果自己胸中时刻提起圣贤之道, 自己便不会被那些习气所诱惑。

读近作甚快，虽间有出入，然大体都在范围中。熟之而已，无他法也。所望者，要将圣贤道理，身体力行。不要似世俗只作空言耳。小学不止是教童子之书。人生自少至老，不可须臾离。故许鲁斋终身敬之如神明。近思录，乃朱子聚周程张①四先生之要语，为学者指南。一部性理，精华皆在于此。时时玩味此二书。人品学问，自然不同。外六谕集解，系此间新刊，虽为愚民而设，然暇时一览，亦甚有益。相去辽远，时切依依。但贤昆仲能以圣贤自期待，便如终日觌面也。（同上。）

【注释】 ①周程张：指的是，周敦颐、程颢、程颐、张载，这四个人都是宋代著名理学家。

【译文】读最近的文章速度较快，虽然理解上或有出入，但大体意思是不会有误的。这是因为读得多的缘故，并没有其他的方法。我唯一希望你们的是，要将圣贤的教诲身体力行，不能像世俗之人那样将书中的道理都当成了空话。《小学》并不仅仅是教导孩童的书，人的一生时刻都不能离开它。所以许鲁斋先生终生像恭敬神明一样恭敬它。《近思录》是朱夫子聚合周程张四学者学问中最重要的话，为现在的人指明方向。一部《性理》之学就涵盖了所有的精华。常常研读此二书，自己的品格、学问自然会与凡俗不同。另外，《六谕集解》是现在新刊行的书籍，虽然是为一般人而写，但闲暇时浏览一番，同样会从中获益。相隔遥远，常常想念你们。但愿你们能用圣贤的标准来要求自己，那我也就像天天都能看到你们一样了。

人生学问，正当在失意磨炼出来，勿为境累也。不佞①年来为此间诸生讲书，句句欲引入他身心上去。好生抄数十篇归，曾见否。虽尚须删改，未是定本。然大段意思，是要针砭学者，书自书我自我之病。此意可采取也。（寄示赵生鱼裳旂公。）

【注释】①不佞：用作谦称。

【译文】人生学问，应当在失意和挫折中不断磨炼，切勿被时境所影响。我近年来给人讲书，意欲让圣贤教诲句句深入内心。抄写了数十篇文章寄给了你，不知收到没有？虽然有的还需做删改，并不是定本。其中的大意便是要指出现在学者中的弊病，即不能把书和自己紧密联系，不能用所读之书时刻要求自己。这大概也是你应该注意的。

令郎目下，但当多读书，勿汲汲①于时文。左传之外，易书诗礼诸经，皆不可不读。读必精熟，熟必讲解，聪明自然日生，将来便不可限量。养其根而俟其实，古人为学皆然。世俗子弟，所以多坏，只缘父兄性急。一完经书，便令作文。空疏杜撰，不识经史为何物。虽侥幸功名，亦止成俗学。与前辈学问，相去殊绝。此不足效也。（复席治斋虞部附。 ）

【注释】①汲汲：形容急切的样子，急于得到。

【译文】贵公子现在应该多学些圣贤之书，切勿急于阅读时文。除了《左传》，《周易》《尚书》《诗经》《周礼》等经书，都应该读诵。并且读就要精湛纯熟，纯熟之后便应该为其讲解，聪明智慧便会日渐增长，将来必是前程远大啊。要从根本处涵养，然后再等待结果，古代的读书人都是这样做。现在的世俗子弟之所以不能成才，只因为做父亲、兄长的过于急躁。刚刚读完经书，便让他去作文章，难免空洞浅薄、凭空臆造，竟不知经史之书究竟讲了什么。虽然有时侥幸能够取得功名，但也只能停滞于世俗之学。和前人的学问相去甚远，这是不值得效仿的啊！

一身远出，幼子无知，所恃者，师保①得人②耳。临行匆匆，言不能尽，想太翁亦不待言而知其意也。舟中细思一齐众咻③之义，觉得咻字情状万千，愈思愈觉可畏。非必有意引诱，然后为咻。凡亲友来者，或语言粗鄙，或举止轻率，一入初学耳目，便是终身毒药。故有心之咻犹有限，无心之咻最无穷。此孟子所以必欲置之庄岳④，然庄岳势不易得，惟恃一齐人之辞严义正，能使众咻辟易，望风而靡，则潇湘云梦，尽成庄岳矣。舟行吴江道中，半日闷郁，思至此，又不觉欣然慰也。至于户外之事，惟有一静。仲书夬履贞厉⑤之占，切中其病，神明如见。晤时，幸时提撕⑥此意。内无咻而外无夬，千里远怀，便可坦然矣。惟太翁⑦留意。（与曾叔祖蒿庵翁附。）

【注释】①师保：泛指老师。②得人：谓得到德才兼备的人。亦谓用人得当。③一齐众咻：咻，喧闹。一个人教导，众人吵闹干扰。比喻学习的环境不好，干扰很大。出处：《孟子·滕文公下》："一齐人傅之，众楚人咻之，虽日挞而求齐也，不可得矣。"④庄岳：齐国的街里名。庄，街名；岳，里名。⑤夬履贞厉：《易经》履卦九五：夬履，贞厉。《象》曰：夬履贞厉，位正当也。《象辞》说：行为急躁莽撞，卜其行事有危险之象，但九五阳爻居上卦中位，正当其位。因而虽险不凶。⑥提撕：教导；提醒。⑦太翁：曾祖父。

【译文】我独自一人外出远行，家中小孩子年幼无知，所依靠的人就是有德行的老师了。临行前匆匆忙忙，许多话还没说完，想必太翁您老人家不等到我一一细说，也都知道我的意思了。我在船中细细琢磨"一齐众咻"的意义，觉得"咻"这一字含意甚深，对它所代表的不好的教育环境，越想越觉得可怕。觉得并不是有意引诱孩子才叫"咻"，凡是有亲戚朋友来，有的语言很粗俗，有的举止很随便。这些不好的言行举止一旦让小孩子接触模仿，这便会害了孩子一辈子啊！所以说真正有意引诱孩子学坏的情况还是很少的，而生活中无意中将孩子教坏的情况却是非常多的。这就是孟子为什么要把学习齐国语言的楚国人放在齐国街巷的道理。但是好的环境是很不容易遇到的，那只能依靠好老师义正词严的教诲，这样才能制止住这些不良的言谈举止。这种教育所到之处，不好的风俗习惯都会变好。当船行驶到吴江，我的内心郁闷了好半天，但是想到这里，就又觉得非常的欣慰了。外面的环境不好，只有用平静的心去对待。为仲书这孩子占得的"夬履贞厉"的卦辞，正好切中了他的要害，真是像神明亲眼见到他一样啊！希望您老人家见面时能够常常提醒他注意这个问题，使其内心安静没有冒失的行为，我在千里之外的牵挂之心便可以释然了。望太翁您老人家多多留意。

在京师，自觉纷华盛丽，不能动此心，颇浩浩落落。但时一念及稚子愚蠢，未有知识，辄不能不胶扰于中。未知近来读书何如，侄孙意惟欲其精熟，不欲其性急。太翁可取程氏分年日程，细体古人读书之法，使之循序渐进，勿随世俗之见，方妙。周礼礼记，俱宜令其温。一季得一周，庶能记得。侄孙幼时温书，皆一月一周也，左传诸书，迄今犹能成诵，皆当时温习之功，惟太翁留神。（同上。）

【译文】在京城，自己觉得外面的繁华、富丽，都不能扰动内心，感到非常地坦然。但有时一想到幼子愚笨无知，没有多少知识，便不能不心中忧虑不安。不知道他近来读书怎么样了，侄孙我只希望他每读一书都能精纯熟练，不要过于急躁贪多求快。您可以拿来《程氏分年日程》，细细体会古人读书的方法，让他能够循序渐进，不要追随世俗人的方法才好。《周礼》《礼记》，都应该让他时时温习。每个季度复习一遍，希望能够记住。侄孙我小的时候温习功课，都是一个月一次，《左传》等书，到现在还能够背诵，这都是当时能够及时温习的功劳，希望您老人家在这方面多多留意。

侄孙教子之念，与他人异。功名且当听之于天，但必欲其为圣贤路上人。望时时鼓舞其志气，使知有向上一途。所读书，不必欲速，但要极熟。在京师，见一二博学之士，三礼四传，烂熟胸中，滔滔滚滚，真是可爱。若读得不熟，安能如此。此虽尚是记诵之学，然必有此跟脚^①，然后可就上面，讲究圣贤学问。未有不由博而约者。左传中，事迹驳杂。读时，须分别王伯^②邪正之辨。注疏大全，此两书，缺一不可。初学虽不能尽看，幸检其易晓者，提出指示之。庶胸中知有泾渭^③。冬天日短，应嘱其早起，夜间则又不宜久坐。欲其务学，又不得不爱惜其精神也。(同上)

【注释】①跟脚：脚跟。喻指立足点或立场。②王伯：即王霸。王道与霸道。③泾渭：古人谓泾浊渭清（实为泾清渭浊），因常用"泾渭"喻人品的优劣清浊，事物的真伪是非。

【译文】侄孙教育孩子的想法，和他人是不一样的。功名应当听其自然，但是一定要让孩子走圣贤的道路。希望你经常鼓励他的志向，使他能够不断进取。读书不必要求快速，但是一定要非常的精熟。在京城，见到几位学识渊博的读书人，他们对于三礼四传都背得滚瓜烂熟，出口滔滔不绝，真是让人喜欢。倘若读得不熟，怎么能够做到这样呢？这虽然是记问之学，但是必定要先有这样的根基，然后才能谈得上做圣贤的学问。做学问的人没有不由博而精的。像《左传》中，里面的历史故事非常的庞杂。读的时候一定要辨别清楚如王道与霸道之类的正邪之别。《注疏》和《大全》这两本书是必不可少的。初学的时候虽然不能够全部看完，但要就他所容易理解的，提出来告诉他，使他心里有个是非对错的概念。冬天白昼时间短，应当叮嘱他早起，夜间则又不适合久坐。既要让他努力学习，又不能够不爱惜他的精神体力啊！

张清恪公《读养正编要言》

（公名伯行，字孝先，河南仪封人，乙丑进士，官礼部尚书。）

　　宏谋按：人常使古今嘉言懿行①，不间断于心目之间。则所存所发，自有隐相吻合之处。所谓不见其增，有时而益也。仪封先生②，纂刊③养正类编，着要言于卷首。欲子弟自书嘉言懿行一条，贴壁观览。不但长益其记诵，兼可触发其性情。如是，则类编乃不虚设矣。蔡文勤公④训生徒⑤，令于饭后，各书片纸一则，意正相同。余喜其有益于学也，曾以之课子侄。今复录此，为有志于学者劝焉，不仅蒙童而已也。

　　【注释】①嘉言懿行：嘉、懿；善、美。有教育意义的好言语和好行为。②仪封先生：即张伯行。③纂刊：纂，收集；汇集，编撰，编辑。刊，刊刻。④蔡文勤公：指蔡世远（1681年-1734年），字闻之，号梁村，福建漳浦县下布人，因世居梁山，学者称之为"梁山先生"。康熙四十四年己酉中举人，四十九年庚寅中进士。雍正十二年正月初八逝世，享年五十四岁。⑤生徒：学生，门徒。《后汉书·马融传》："〔融〕常坐高堂，施绛纱帐，前授生徒，后列女乐。"

　　【译文】宏谋按：人如果常常能够让古今圣贤君子的嘉言善行，不断浮现在自己的心中和耳目之间，那么在其起心动念和有所行动的时候，自然就会有和这些嘉言善行暗相吻合之处。这就是人们所说的，没有见到学问有什么增长，却时时能够有所受益。张伯行先生，搜集编撰刊印《养正类编》一书，撰写《读养正编要言》置于卷首，希望子弟能够自己抄录古今圣贤君子的嘉言善行一条，贴在墙壁上，以供时时阅览。不仅有益于长期下来可以背诵，还可以在日常之中触发其性情。像这样，那么《类编》一书就不是形同虚设了。漳浦的蔡世远先生教育自己的学生和门徒，让他们在饭后，自己书写一嘉言善行于一纸片上，和张伯行先生的用意正好相同啊。我欣赏这种做法有益于修学，曾用这种办法来教导我的子侄，现在又再次录于此处，希望能够给所有有志于修学者以勉励，不仅仅只是教导小孩子而已啊！

吕献可①尝言，读书不须多。读得一字，行取一字。伊川先生②亦尝曰，读得一尺，不如行得一寸。盖读书不能力行，只是说话也。然学者趋向未端，欲体认力行，莫若常触于目以警于心。今养正编所载，大抵皆古人嘉言懿行，足以起发童蒙。为蒙师者，宜于每日功课之余，令幼童各书一条，贴于壁上，以便观览。一月三十条完，则令写于课本，下月复然。一年之内，共得三百六十条。食息起居，举目即是。不但记诵之熟，将从容默会，久而自化，其所以观感③而兴起④者多矣。不宁惟是⑤，学者凡读他书，亦依此法，日无间断。朱子所谓不知不觉，自然相触发者也。

【注释】①吕献可：指吕诲（1014年-1071年）　北宋官吏。字献可，幽州安次（今河北廊坊西）人，寓居开封，吕端孙。登进士第，历旌德、扶风主簿，迁云阳令，历知翼城、交城二县。召为殿中侍御史。以言事罢，出知江州。吕诲为官三居谏职，皆以弹奏执政大臣而罢，时人推服其耿直，为北宋著名的敢谏之臣。②伊川先生：宋理学家程颐的别号。　颐字正叔，宅于河南嵩县东北耙楼山下，地处伊川，故称。③观感：观看而引起感动。④兴起：因感动而奋起。⑤不宁惟是：宁，语助词，无义；唯：只是；是：这样。不只是这样。即不仅如此。

【译文】北宋的吕诲先生曾说：读书不需要多，贵在能够读得一个字，就能行得一个字。程颐先生也说：读书读得一尺，不如行得一寸。这都是说，只是读书，如果不能将书中所学落实到日常生活之中，就如同说话，只说不做，又有何益处呢？然而大多数的修学之人，都倾向于读书读得多，真正能落实得少啊。要想能够做到真正体察认识、身体力行，最好的方法就是让圣贤的教诲能够时常浮现于眼前，警示于心中。现今《养正编》所载的内容，大都是古人的嘉言懿行，足以能够启发童蒙。做启蒙的老师，应该在每日的课余，让幼童各自书写一条嘉言懿行，贴在墙壁上，以供观览，一个月下来写完三十条后，再抄写到课本上。第二个月也照此继续去做，这样一年下来，就能够得三百六十条古人的嘉言善行。无论吃饭、休息、起居的时候，抬眼就能看到，这样一来，不仅能够熟记于心，而且很顺利的就能暗自领会，久而久之，就能够自然受其感化。因为长期观察这些嘉言懿行，进而因感动而奋起的人也就越来越多了。不仅如此，求学之人凡是读其他书，也应当依照此法，一日也不要间断。这就是朱熹所说的，在不知不觉中就可以受到触动启发啊！

唐翼修《父师善诱法》

（名彪，浙江兰溪人，历任会稽、长兴、仁和训导。）

　　宏谋按：读书规模，已于分年日程备载矣。兹编于训迪①幼童之事，正复井井有条，循循易入，为近时师生痛下针砭②，故切近而可行也。陆清献公③云，科举文字，须从本源上着力。要看作真实道理，不要看作一时应试之事，真至言也。兹编各条，犹有此意，故并著之。

　　【注释】①训迪：教诲启迪。《书·周官》："仰惟前代时若，训迪厥官。"②痛下针砭：古代以砭石为针的治病方法。比喻痛彻尖锐地批评错误，以便改正。《清史稿·艺术传·徐大椿》："《慎疾刍言》，为溺于邪说俗见者痛下针砭。"③陆清献公：指陆陇其（1630年－1692年）。清代理学家。原名龙其，因避讳改名陇其，谱名世穮，字稼书，浙江平湖人，学者称其为当湖先生。

　　【译文】宏谋按：关于读书次第的规划，在前面的《分年日程》中已经有完备的记载了。此编在教诲启迪幼童的事情上，再次强调，修学要条理分明，依照顺序才能易入，可以说是对近时的师生痛彻尖锐地提出批评，以便其改正错误。因此贴近现实而切实可行啊。陆陇其先生说：写作科举文章，必须要从根本上用力。要看作真实道理，不要看作一时应试之事。他所说的堪称是至理之言啊。此处编辑的数条,也有同样的用意,所以同列于此。

父子之间,不过不责善①而已。然致功②之法,与所读之书,不可不自我受也。孔子于伯鱼③,亦有学诗学礼之训。今怠忽④之父兄,不能设立善法,教其子弟。又不购觅好书,与之诵读,事事委之于师。不知我既无谆切⑤教子弟之心,师窥我意淡漠,恐亦不尽心训诲⑥矣。

唐翼修《父师善诱法》

【注释】①责善:劝勉从善。②致功:把精力和功夫专用于某一方面。③伯鱼:孔子的儿子孔鲤的字。④怠忽:怠惰玩忽。⑤谆切:真诚、恳切。⑥训诲:教导。

【译文】父子之间不以善来相互要求对方,这是古人的教诲。然而,孩子努力专注的方向,以及有关他们所阅读的书籍,做父亲的不能不亲自过问啊。孔老夫子对他的儿子也有关于要求学习《诗》和《礼》的训诫。而今,一些做父兄的对此却怠慢和疏忽了,既不能够用好的方法教育自己的子弟,又不设法购买和寻求好的书籍让他们读诵,把什么事情都委托给老师。不知道如果自己没有真诚恳切的教育子弟之心,老师也会看其教子之心淡漠,恐怕也不会尽心对其进行教导啊。

父兄于子弟课程,必宜详加检点。书文间时当令其面背。文艺间时当面课之。如己不谙①于文,当转质②之于人,始知所学之虚实也。

【注释】①谙:熟悉。②转质:把自己向地主租种的土地抵押给他人。此指交给他人。

【译文】做父兄的对于子弟的学习课程,必须要详细加以检点。对于所学的文章,时常要责令其当面背诵,学习写作文章之类的事情也要时常责令其当场练习。如果自己对于文章学问不太精通，就要将其所作的文章转给其他有学识的人看看，才能知道孩子学习的真实情况啊。

人仅知尊敬经师①，而不知蒙师②教授幼学，其督责之劳，耳无停听，目无停视，唇焦舌敝，其苦甚于经师数倍。且人生平学问得力，全在十年内外。学生之言动，宜时时训诲，使归于正也。所读之经书，宜精熟也。书法与执笔，宜讲明也。切音与平仄，宜调习③也。经书之注，节读宜有法也。工夫得失，全赖蒙师。非品端学优，而又勤且严者，不克胜任。夫蒙师劳苦如此，关系之重又如此，岂可以子弟幼小，因而轻视先生也哉。

【注释】①经师：旧时讲授经书的教师。②蒙师：蒙童的教师；启蒙的老师。③调习：调教训练。

【译文】人们只知道尊敬讲授经书的老师，而不知道启蒙老师教育幼童督责之辛劳，耳朵听没有停下来的时候，眼睛看没有停下来的时候，教育幼儿费尽口舌，其教育的辛苦远远超过讲授经书的老师的数倍啊。而且一个人生平学问是否得力，全在十年内外。学生的一言一行，时时都要加以教诲，让其归于正道；所读的经书，令他们学得精而熟；学习书法和执笔，尤其要讲解分明；切音和平仄，也要调教训练；经书的注解，节选和读诵也都要讲求方法。所以，学问功夫的得失，都得依靠童蒙老师啊。如果不是品行端正学问优良，而又勤奋并严格的人，是不能够胜任的。启蒙老师如此的辛劳，对人一生的学习又如此重要，怎么能够以为子弟幼小，而轻视老师呢？

凡书随读随解，则能明晰其理，久久胸中自能有所开悟。若读而不讲，不明其理。虽所读者盈筒^①，亦与不读者无异矣。故先生教学工夫，必以勤讲解为第一义也。（遇难解者，弟先晓以大义，更为设譬^②。不必逐字呆讲，反致难晓。）

唐翼修《父师善诱法》

【注释】①盈筒：盈，满。筒是古代较为普遍使用的一种盛物器具，形状如同今日长方形小箱。此处比喻读得很多。②譬：打比方。

【译文】凡是读书，应该要边读边解，这样就能明了书中的道理，久而久之，心中自能有些悟处。如果只是读而不讲，不明了其中的道理，即使读得再多，和不读又有什么两样呢？因此，老师的教学功夫，必须要以勤于讲解为第一件大事。（遇到难解的地方，先让学生明白其大意，再用比喻的方式使其知晓，不需要一个字一个字的反复讲解，这样反而不容易讲清楚。）

学生前师手中所读之经书，全不成诵者，后师多不令其温习，此甚非教诲之善法。必也于初入学时，悉令其开明^①前此读过之书。于每册中，令学生背半，或背三分之一，以验其生熟。生则先令其温习，不必授生书。一则能知学生底蕴，教诲易于成功。二则可免不肖子弟，避难就易，止^②温其熟者，竟置其生者，以致长大经书不能成诵。三则经书既熟，学生受终身之益。四则我乐补前师之所不足，后日之师，亦必乐补吾之所不足。此忠厚之道，感应之理也。

【注释】①开明：开列清楚。②止：仅；只。
【译文】学生在前一任老师手中所读的经典，如果不能够完全背诵，后来的老师大多不要求其再加以温习，这不能说得上是好的教导方法。做老师的，一定要在学生初入学的时候，让学生开列清楚此前读过的经典，在每一册中，让学生背诵一半，或者三分之一，以测验学生对经典的生熟程度。如果生的话，就要让其继续温习，而不必马上就教他读诵新的课文。这样做好处是，一能够知道学生的根基，教学上容易成功。二是可以免除那些不肖子弟，逃避难的选择容易的，只温习其熟悉的，把没有读熟的就丢放在一边，以致长大之后对于经典不能成诵。三是经书既已熟悉，学生则能终生受益。四是我乐于补正前任老师的不足，下一任老师，也一定会乐于补正我的不足。这也是做人忠厚之道，确实符合于感应之理啊。

生子至三四岁时，口角清楚，知识稍开。即用小木板方寸许，四方者，千块，漆好。朱书千字文。每块一字，盛以木匣。令其子每日识十字，或三五字。（识字多者，或乳媪，或仆婢，量予奖赏，则终日引诱认字，胜于引诱戏骂矣。）复令其凑集成句读之。或聚或散，或乱或齐，听其顽耍，则识认是真。如资质聪慧者，百日可以识完。再加以三字经，千家诗等书，一年可识一二千字，然后从师入塾。（以五六岁为率。近世惑于七颠八倒之说，至九岁，方送入塾者，非也。）字之识者过半，则读之易。且其目之所视，亦知属意在书，而不仰天口诵矣。读半年小书①，便可教读四书。即与之逐字讲，逐句讲。如俗语一般，使知书如说话。从前至后，如问如对，有上句，便知应有下句。先将本日所教生书，讲了一遍，然后教以读。教读数遍，已能成诵。如读不下，再与之讲以第二句之故。如资质可以读十五行者，止读十一二行。宁使其精力有余，不可使之不足。

【注释】①小书：旧指儿童启蒙读物。如《三字经》、《百家姓》、《千字文》等。

【译文】小孩子到三、四岁的时候，口齿就清楚了，略微知道一些知识。这时就要用方寸大小的四方木板，制作一千块，刷上漆，用朱墨书写千字文。每块木板上写一个字，放到一个木匣子中。让小孩每天认识十个字，或者三、五个字。（如果识的字多，对乳母或仆人，也要适当给予奖赏。这样他们就会整日诱导其认字，远远要胜过诱导其戏骂啊。）进而让其把几个字凑成句子来读，聚也好，散也好，乱也好，齐也好，任其玩耍，总之，都是在识字认字。如果资质聪慧的，一百天就能够认完了。然后再教其《三字经》、《千家诗》等书，一年下来可以认识一两千字，然后就可以进入私塾跟着老师学习。（以五六岁的限度入私塾最佳。近代的人为一些七颠八倒的说法所迷惑，到八九岁才将孩子送入私塾，是非常错误的。）书上的字能够认得一半，则读起来就容易，而且其眼睛所看之处，也能够将心思集中在书上，而不至于仰着头口诵。读半年时间的启蒙读物后，就可以教其读《四书》了，同时对其进行一字一句的讲解，用通俗易懂的话，让他知道读书就如同听人说话一样。从前到后，如问如对，有上句，就要知道有下句。先将这一天中所教的生书，讲解一遍过后，再教其读，教读数遍之后，就能熟读背诵了。如果读不下去，再和其讲解第二句的缘由。资质能够读十五行的，只教其读十一二行，宁愿使其精力有多余，但不可使其精力不足。

每见先生教了学生一首生书，并不计其遍数，惟期能背而已。今日教，或今晚背，或次早背。不知学生尽力一时强记，苟且塞责。及过数日，茫然不知，读有何益。莫若教了一首生书，即令读三十遍。令其写字，以养其气。字毕，令将昨日所教生书，读二十遍。又令少息，再读前日所教者二十遍。仍少息，再读前一日所教者二十遍。又读前二日者二十遍。总共一百十遍。连生书共读五首。凡学生清晨，一到书房，不许温读。即令其前背五首背起，连背至今早应背之书止，共背五首。是一首书，读过五日。又背带背五日，然后歇。是在学生口中习熟十日，可以永久不忘矣。万一背时有差讹字句，即与他讲明，这句书原是这样讲，应该读某字。如此教法，自然终身不忘。粗书理，可以渐次明白。读完四书，而直讲已明。读经时，即可细为讲究章旨矣。

（书中有难读之句，摘出多读数十遍，则通体易熟。亦是一法。）

【译文】每每见到先生教了学生一篇生书，并不计算其遍数，只是一味要求其能够背诵。今天白天教了，让其当晚就能背，或者第二天早上就能背。不知道学生尽力一时强记，只是随便马虎，敷衍了事。过了几天，就茫然不知了，这样读又有何益处呢？不如教了一篇生书后，先让其读三十遍，然后再让其写字，以养其气。写字完毕之后，再让其把昨天所教的生书，再读二十遍，稍事休息，再读前一天所教的二十遍，仍旧稍事休息，再读前一天教的二十遍，又读前两日的二十遍，总共一百一十遍。这样包括生书可以连续读五篇。学生清晨到书房后，不能够温读，要让他从前面第五篇开始背起，一直背到今天早上要背的书为止，一共背五篇。这样一篇书，读过五日，然后再背诵五日，然后再停歇下来。这样在学生口中学习熟读十日，就可以永记于心。万一在背诵的时候，有差讹的字和句子，就要和他讲清楚，这一句原来是怎么样的，应该读某字。按照这样去教，自然能够做到终生不忘。大致的书理，可以慢慢就明白了。《四书》读完之后，字面意思已经讲解明白了，读经的时候，就可以细细讲解章旨了。（书中有难读的句子，就摘录出来，多读数十遍，这样就通体易熟了。这也是一个很好的方法。）

未读经时，工夫有暇，当与调声叶韵，讲解故事。盖声韵调熟，则文章自有音律。故事博通，则对联亦必精工。非徒为词赋小道也，其日记故事，俱载前人嘉言懿行，以其雅俗共赏，易于通晓，讲解透彻，不独渐知文义，且足启其效法之心。（故事当取其平易切实，凡虚无怪诞者不必。）

【译文】还没开始读经的时候，有空闲的时间，就要教其声韵，或者是讲解故事。因为声韵熟悉之后，做起文章来自然就会押韵。知道的故事多了之后，做起对联来就能够很精致工整。这样做不只是让其学习词赋这样的小道，每天记下来的故事，其内容都是古人的嘉言懿行，因为雅俗共享，容易懂得，只要讲解透彻，不但能让其逐渐明白文字中的意思，而且可以启发其效法古圣先贤之心。（选取的故事，要平易切实，至于那些虚无、怪诞的故事就没有必要了。）

欲学生书熟，必当设筹以记遍数。每读十遍，令缴一筹。一者，书之遍数得实，不致虚冒。二者，按期令缴筹。迟则便可催促督责之。三者，筹不容不缴，则学生不得不勤读，以早完课程。殆一举而三善备矣。

【译文】要让学生把书读熟，一定要设筹用来记录遍数。每读十遍，就让其上缴一筹，这样一来，可得学生读书遍数的实数，不至于虚冒遍数。二来，到规定时间就让其缴筹。迟了就可以对其进行催促和督责。第三，筹不容许不上缴，这样学生就不得不勤读书，以便早点完成课程。此一举可以说三种好处都齐备了啊。

温过之书，宜作标记。不作标记，多温少温，淆乱无稽。书之不熟皆由于此。且有弟子避难就易，温其熟者，置其生者也。更宜置课程簿，五日一记。如初一至初五日，读某书起，至某书止。温某书起，至某书止。童蒙不能记者，先生代为记之。庶免混乱无稽之弊。

【译文】凡是温习过的书，要做标记，如果不做标记，多温习和少温习，就会混淆不清。对于书不精熟大都是由此引起的。而且有的学生逃避难的而选择容易的。只温习其熟悉的，把生疏的放在一边。所以

287

更应该设计一个课程薄，五天作一记录。比如从初一到初五，从哪本书读起，到哪本书为止，从哪本书温习起，到哪本书为止，幼童自己不能记的，先生就代其记录，这样就可以避免混淆不清的弊端。

书有不识字而读讹别者，亦有识字而读讹别者，在读者俱不自知，先生须用心听审。如有之，急令改正。否则日久习以为常，以讹传讹矣。然一人听闻，恐有不及。宜遍示诸生曰，尔诸生谊属朋友，凡读书有讹别者，正当互相指点。即令其于讹别字旁，加一角圈，为之标记。庶几读到其处，触目动心，自能改正矣。

【译文】书中有不认识的字而读错音的，也有认识的字而读错音的，读的人自己都不会察觉，做先生的一定要用心仔细地听。如果有这样的情况，就要立即让其改正，否则日子久了就会习以为常，以讹传讹了。然而，一个人听，可能还有不能完全听到的地方，最好告诉所有学生，学生之间有朋友之谊，凡是读书时有读错的地方，正好应该互相指点。并让其在讹别字的旁边，加一个角圈，作为标记，以后读到这里的时候，就能够触目动心，自然而然就能改正了。

童子读易经，九三多读六三，六四多读九四，上九多读上六。若先生讲明阳九阴六之故，由于每卦卦画而来。则学生胸中了然，自不至于误读矣。

【译文】幼童读易经的时候，常常把九三读成六三，把六四读成九四，上九读成上六。如果做先生的能够讲清楚阳为九阴为六的缘由，都是从卦画而来的，这样学生心中就会了然明白，不至于误读了。

养正遗规

欧阳文忠公曰：立身以力学为先，力学以读书为本。今取孝经论语孟子六经，以字计之。孝经，一千九百三字。论语，一万一千七百五字。孟子，三万四千六百八十五字。周易，二万四千一百七字。尚书，二万五千七百字。诗，三万九千二百三十四字。礼记，九万九千一十字。周礼，四万五千八百六字。春秋左传，一十九万六千八百四十五字。止以中才为准，若日诵三百字，不过四年半可毕。或资钝减中人之半，亦九年可毕。其余触类而长之，虽书卷浩繁，第能加日积之功，何患不至。谚曰，积丝成缕，积寸成尺。寸尺不已，遂为丈匹。此言虽小，可以喻大，尔辈勉之。

【译文】欧阳修先生说：立身要以努力修学为首要，努力修学又以读书为根本。这里取《孝经》《论语》《孟子》等六经，计算其字数，《孝经》，1903个字，《论语》，11705个字，《孟子》，34685个字，《周易》，24107个字，《尚书》，25700个字，《诗经》，39234个字，《礼记》，99010个字，《周礼》，45806个字，《春秋左传》，196845个字。只是以中等资材的人为标准，如果一天诵读三百字，也不过四年半就可以完成了。或则资质愚钝的人取中等资材之人标准的一半，也只要九年就能完成了。其余的书也能够触类而长之，虽然书卷浩繁，只要能够一天一天地去下工夫，这样日积月累，何必担心完不成呢？谚语说：积丝可以成缕，积寸可以成尺，寸尺不已，遂为丈匹。这句话说的虽然是小事，但是也可以比喻大的事物。你们要以此相勉励啊。

子弟年虽幼，读过书，宜及时与之讲解，以开其智慧。然须专讲其浅近者。若兼及深微之书，则茫乎不知其意旨。并其易者，皆变为难，不能解矣。更有说焉，书虽浅近，若徒空解，犹未能即明其理，而亦无益身心，惟将所解之书义，尽证之以日用常行之事。庶几能领会，能记忆。王虚中^①曰，宜取孟子书中易解者先言之。屠宛陵^②曰，先生讲书，至有关德行伦理者，便说与学生知道，要这等行，才是好人。有关修己治人，忠君爱国者，便说道，你他日作官，亦要如此。

【注释】①王虚中：指宋朝的王龙舒。名曰休。字虚中。龙舒（今安徽省）人。宋高宗时中举国学进士，他却放弃了官职不做。为人端正安详，简约洁净，博通一切经书史籍，对于儒学、文学、经典等文义心得著述，合计多达数十万字。②屠宛陵：指屠羲时，安徽宣城人，曾任浙江提学副使，余者不详。宣城古称宛陵。

【译文】小孩子虽然年幼，对其读过的书，最好及时和他讲解，以开启其智慧。然而讲授时必须先专门讲授其中浅近易懂的篇章。如果同时讲授道理深微的篇章，孩子就会茫然，而不知其大意和主旨，更会让浅近易懂的部分，也变得难懂，不能理解了。还有一种说法认为，书中的道理虽然浅近，如果只是空泛地解释一番，不能让孩子立即明白其中的道理，对孩子的身心也没有益处。唯有在解释书中的义理时，尽量以日常生活中的事情来举证说明，孩子或许就能很快领会，能够记忆下来。宋朝的王龙舒说：（当先生的）应该先选取《孟子》中容易理解的部分先和孩子讲解。明朝的屠羲时说：当先生讲书的时候，讲到有关伦理道德的地方，便要告诉学生，让其知道，要这样去做，才是好人，讲到有关修己治人、忠君爱国的地方，便要告诉学生，如果你将来做了官，也要这样。

先生止与学生讲书，而不令其覆书，最为无益。然每日既讲书，又令覆书，则工夫过烦。先生精力，亦不能副。惟将前十日所讲书，于后五日令覆完。覆书之日，不必讲书。人或嫌其工夫稀少，而不知其得益良多。其间错解者，可以改正。不解者，可以再解。不用心听，全不能覆者，惩儆之。开导之功，莫善于此。

【译文】先生只和学生讲书，而不让学生复讲，是最没有益处的。然而每日既要讲解书本，又要复讲以前讲过的书，则工夫就会过烦。先生的精力，也应付不过来。只有将前十日所讲的书，在后五日让学生复讲完，复书之日，不必讲书。有的人或许会嫌其工夫稀少，却不知道这样做会获益良多。其间错解了的地方，可以改正过来，不理解的，可以再讲解。如果不用心听，完全不能复讲的，就给予惩罚以示警戒。启发劝导的成效，没有比这更好的了。

习举业①者寡，不习举业者甚多。愚意不习举业之人，必当教之读古文，作书简论记，以通达其文理。乃有迂阔之人，以文理非习八股不能通。后以八股难成就，并不以此教子弟。子弟亦以八股为难，竟不欲学。于是不习举业者，百人之中，竟无一人略通文艺者。噫，文理欲求佳则难，若欲大略明通，熟读简易古文数十篇，皆能成就。何必由八股而入。试思未有八股之前，汉晋唐宋，文章之佳，远过于明。又其时，百家九流，能通文艺者甚多，何尝皆从八股入也。

【注释】①举业：科举时代指专为应试的诗文、学业、课业、文字。也指八股文。

【译文】为参加科举考试而学习的人毕竟是少数，不是为了参加科举考试而读书的人有很多。按照我的愚见，对于不学习作应试之文的人，一定要教其读古文，习作书简论记，以达到通达文理的效果。有一些迂阔之人，以为不学习八股文就不能通达文理，又以为学习八股文难以有成就，所以就不以此教导子弟，而子弟也以八股文为难，竟然不想学习。于是不学习作应试之文的人，一百人之中，竟然没有一个略通文艺的人。啊! 文理要求非常通达确实有一定难处, 如果只是大略明了, 只需要熟读简易的古文几十篇, 就可以达到了。何必要由八股文而入门呢? 试想没有八股文之前, 汉晋唐宋时期, 文章之优秀, 远远胜过明代, 而且那个时候, 百家九流, 能够精通撰述和写作方面学问的非常多, 他们又何尝都是从八股文入门的呢?

开笔作文, 先须讲明题旨, 及来踪去路。一章重在何节, 一节重在何句, 一句重在何字。看得融会贯通, 方可下笔。破承[①]只须弥月, 开讲[②]要做半年, 若开讲未精, 遽[③]征全幅。中等笔性, 断然生梗矣。必待开讲明通, 令其竟为全文。切勿出股对股, 囿其知识。今日纵能扶墙摸壁, 异日必不能起炉作灶。对股之弊。近多犯之。

【注释】①破承: 科举时代八股文中的 "破题" 和 "承题"。"破题" 用两句话点破题目要义; "承题" 是承接破题的意义而阐明之。这是八股文开头的最要紧的两股。②开讲: 指八股文中的 "起讲" 部分。③遽: 急, 仓促。

【译文】开笔写作文章, 先必须讲清楚文章题目的主旨, 以及来龙去脉。一章的重点在哪一节, 一节的重点在哪一句, 一句的重点在哪一个字。要看得融会贯通了, 才可以下笔写作。破题和承题的功夫只需要学习一个月的时间, 开讲的功夫就需要学习半年以上, 如果开讲不能精通, 急于写作全文, 中等笔性的人, 文章写起来一定就会十分生硬。必须要等到对开讲完全明白通达, 然后再让其写作全文。一定不能出股对股, 囿其知识, 今日纵使能够扶墙摸壁, 他日一定不能够起炉作灶, 对股的弊病, 近人大多犯此过失。

王虚中曰, 阅童子之文, 但宜随其立意而改之。通达其气脉字句, 极能长发才思。若拘题理而尽改之, 则阻挫其才思, 已后即不能发出矣。

【译文】王龙舒说，批阅儿童的文章，最好根据其立意而进行批改，让文章的气脉字句畅通，这样能够大大地激发孩子写文章的思路，如果拘泥于题目的义理进行批改，就会阻挫其文思，使其文思不能发出。

先生于弟子之文，改亦不佳者，宁置之。如中比不可改，则置中比，他比亦然。盖不可改而强改，徒费精神，终不能亲切条畅，学生阅之，反增隔膜之见。惟可改之处，宜细心笔削，令有点铁化金之妙，斯善矣。善学者，于改就之文，细心推究，我之非处何在，先生之妙处何在。(涂抹难阅者，照本另誊。)逾数月，又玩索①之。玩索再四，则通塞是非之故明，而学识进矣。

【注释】①玩索：体味，反复玩味探索。
【译文】先生对于学生所作之文，经过修改后仍然不是很满意的，就先放置一边。如中比不可改，则置中比。他此也同样。千万不能不可改而强行修改。这样不仅徒费精神，最终也不能使文章亲切条畅，学生看了之后，反而会增加不了解的意见。唯独有可以修改之处，最好细心修改，让其有点铁化金的神妙，这就太好了。善于学习的，看到修改的文章后，就会细心推究，我的缺点在哪里，先生修改之妙又在哪里？(涂改抹去后难以阅读的，就照本另外抄写在一张纸上。)过几个月，再来体味。体味几次之后，这样通塞是非就明了了，学识也就因此而进步了。

人知四六之文①，重在平仄②，而不知散体古文，八股制义，亦重之也。音韵铿锵，便觉朗朗可诵。平仄不调，词句必不顺适③。意虽甚佳，无益矣。

【注释】①四六之文：指韵文。②平仄：平声和仄声，泛指诗文的韵律。③顺适：通顺恰当；流畅。

【译文】人人都知道作韵文，重在讲究韵律，而不知道散体古文，八股文，也重视韵律。音韵铿锵明亮，有节奏，读起来就会朗朗上口，平仄的韵律如果不协调的话，词句也一定不通顺流畅。即使立意很好，也没有益处。

古人学问并称，明均重也。不能问者，学必不进。为父师者，当置册子与子弟。令之日记所疑，以便请问。每日有二端注册子者，始称完课。多者，设赏例以旌①其勤。一日之间，或全无问，与少一者，即为缺功。积数日抽书询问学生，如果皆知而不问，是诚聪颖。倘不知而又不问，则幼者夏楚②儆③之，长者设罚例以惩之。庶几④留心体认，勤于问难，而学有进益也。

【注释】①旌：表扬。②夏楚：夏，读（jiǎ），同"槚"。楚，荆条。教鞭。"夏楚"就是教师使用的教鞭，是用来警惕鞭策学生，收到整肃威仪的效果。③儆：儆，戒也。④庶几：或许可以，表示希望或推测。

【译文】古人把学习和发问相提并论，是说明两者同等重要。不懂得不耻下问的人，修学一定难以有进步。因此，做父师的，应该给弟子一个册子，让其把一天中的疑问记录下来，以便请教。每天有两个问题以上写在册子上的，才算完成功课。如果写得更多的，则制定一个奖励制度以表扬其勤奋好学。一天之内，如果没有疑问，或者缺少一个的，就算功课没有完成。这样积累数日抽选课文询问学生，如果都知道而不询问，是真聪颖。倘若不知道而又不询问人，对于年幼的学生则用教鞭责打令其懂得警戒。对于稍微年长的，就制定处罚条例给予惩罚。希望他们能够留心体察，遇到问题勤于向人询问，这样学识修养能才够不断地进步。

时文①购在乎多，选贵乎少，少选以供吟咏体贴之功，多购以为推广识见之益，准之以墨裁②，参③之以先辈。或看同会④胜我之文，比如一题到手，在我苦心构就⑤，犹属牵强，在人意到笔随，从容合拍。某处窘于题面，何以宽然有余？某处亦合想头，何以词不达意？触类旁通，自然有得。所谓从师亦要取友也。总之自开蒙以至举业，全在师长静专切督，因材造就，迎机而导，不徒专事鞭扑。又曰：师者，范也。言行动静皆可为式。噫！师岂易言哉。

【注释】①时文：时下流行的文体。旧时对科举应试文体的通称。②墨裁：明清流行的八股文范本。③参：领悟；琢磨。或者此时参悟了，也未可定。—《红楼梦》。④同会：犹会合。此处是指和自己一起参加科举考试的考生。⑤构就：指构思。

【译文】时文要多买，但是要从中精选一些好的文章。精选出的文章可以通过吟诵、体会揣摩以提高写作水平。多买是为了拓宽自己的知识和见解。要以八股文作为标准，多体会先辈们的文章。还有与自己一起去参加考试的同学中间，有比自己写得好的文章也需要参考学习。比如同样一个题目，在我经过苦思冥想，已经写得很牵强了，但在别人随想随写，而且写得很自然流畅、紧扣主题。如果有些地方一开始理解得很肤浅，只停留在题目的表层意思，怎么才能够写得游刃有余？有些地方我和他想的是一样的，但为什么我写的却不能够准确表达自己的意思？通过这样的体会和感悟，就会触类旁通，内心会有很大的收获，这就是所谓的跟随老师学习也要有好的同学、朋友相互促进。总之，一个学生从幼童一直到参加科举考试这么长的求学历程，全在师长一心一意的教导和督促。根据学生的资质培养他，抓住机会教育点引导学生，而不只是一味的责罚。也有人说，老师就是榜样，他的一言一行，一举一动，都是学生学习的模范。啊！当老师怎么能说是很容易的呢？